李嘉誠名列「富比士」十大富豪之內，被香港人譽稱為「超人」。這個貧民出身，從打工仔做起，從一無所有到打造出富可敵國的商業版圖，創下了華人在商界的輝煌紀錄。

李嘉誠的
創新思維

林郁 主編

前言

考察中外成功的企業家，那些名噪天下的商界大亨，無一不是富有人格魅力、做人漂亮的人。亞洲首富李嘉誠就是一位極富人格魅力，並且做人做得特別漂亮的人。

李嘉誠在生意場上馳騁了半個多世紀——只有對手，沒有敵人，堪稱天下奇蹟。

而這個奇蹟正是因為他「做人漂亮」所造就的。大多數人可能都會認為，身為亞洲首富的他，將來肯定會留給他兩個兒子大把的金錢和名下的大小企業。但是，身為人父的李嘉誠卻明確地對人講，他給後代留下的，最重要的是「漁」而不是「魚」。李嘉誠說：「我不是教他們如何賺錢，而是教他們怎樣做人！因為做人比做生意更重要。」

「善待他人，做對手不做敵人。」在任何時候都不以勢壓人，是李嘉誠一貫的做人準則，即使對競爭對手亦是如此。商場充滿了爾虞我詐、弱肉強食。要做到這一點，不少人認為是不可能的事。

香港《文匯報》曾刊登李嘉誠專訪，記者問道：「俗話說，商場如戰場。經歷那麼多艱難風雨之後，您為什麼對朋友、甚至商業上的夥伴，都十分的坦誠和磊落？」

李嘉誠答道：「最簡單地講，人要去求生意是比較難的，但如果生意主動跑來找你，你就容易多了。」

「要照顧對方的利益，這樣人家才願與你合作，並希望下一次合作。」

追隨李嘉誠二十多年的洪小蓮，談到李嘉誠與人的合作風格時，她說：「凡與李先生合作過的人，哪個不是賺得盤滿缽滿！」

李嘉誠曾經說過：「我個人對生活沒有什麼高要求。我今天的生活水平和幾十年前相比只會更差了，年輕時也有想過買點好的東西，但不久就想通了，重要的是強調方便，我穿的可能都比你們便宜。就我個人來說，衣食住行都非常簡樸、簡單，跟三、四十年前根本就是一樣，沒有什麼分別。衣服和鞋子是什麼名牌子，我都不怎麼講究。一套西裝穿十年八年是很平常的事。我的皮鞋十雙有九雙是舊的。皮鞋破了，扔掉太可惜，補好了照樣可以穿。我手上戴的手錶也是很普通的，而且已經用了好多年。」

李嘉誠另一個良好的習慣，是他特別喜歡讀書。知識可以幫助人得到成功，更加可以將人的命運改變。李嘉誠雖然沒有受過正規的學校教育，但他不僅始終重視追求新知

「善待他人，做對手不做敵人。」在任何時候都不以勢壓人，是李嘉誠一貫的做人準則，即使對競爭對手亦是如此。

識，而且還養成了良好的讀書習慣。

李嘉誠說：「我最初做塑膠生意時，外國最新的塑膠雜誌在當時的香港，看的人並不多，但我學、我看。我認為一個人憑自己的經驗得出的結論當然是好，但是時間就浪費得多了，如果能夠將書本知識和實際工作結合起來，那才是最好的。」

李嘉誠之所以如此追求新知識，是因為他認為：「在知識經濟的時代，如果你有資金，但缺乏知識，沒有最新訊息，無論何種行業，你越拼搏，失敗的可能越高。但你有知識，沒有資金的話，小小的付出都能得到回報，甚至可能達到成功。」

良好的習慣是成功的鑰匙。也許從嬰兒時期開始，你就慢慢養成了良好的習慣，或到老到死你都被困在不好的習慣所築起的城堡裡。這些不好的習慣往往會把你引向迷宮，它們會減少你獲得成功的可能性。

或許你不曾體會好習慣帶給你成功的喜悅，或者不好的習慣使你平平庸庸，甚至走向錯誤的深淵。這些影響是確實存在的，無論你意識到或意識不到。

但是，這些習慣和經驗的獲得是逐漸得來的。我們漫無目的地遊蕩在無知的幼年時代，在稍後的歲月裡迷茫和徘徊。當我們有足夠的經驗理解生活時，生活又毫不留情地將我們拋棄。我們誰也沒辦法改變被細菌腐蝕的命運。

經驗是對生活的積累和反思。當我們有了足夠的生活閱歷，當我們在前進的道路上不斷遭遇挫折和磨難，當我們一次又一次品嘗成功的喜悅、生活的滋味，我們的經驗因為累積而豐富。經驗的積累是無止境的，但是個體的經驗又是狹隘的、局限的。它很大程度上受時間和地點的限制，甚至一個人死去時，他的經驗也許就得宣布作廢。

曾有許多成功者不止一次地解釋他們的成功純屬偶然，殊不知這偶然的背後是良好習慣的必然。成功者受所養成的良好習慣的指引，最終走到了成功者之列。

李嘉誠一生縱橫商場的創新思維就是：只要對手，不要敵人！

李嘉誠雖然沒有受過正規的學校教育，但他不僅始終重視追求新知識，而且還養成了良好的讀書習慣。

第4章

要跑得快，才會成為贏家／203

第 I 章

珍惜生命中的每一份感情

我之所以能拿出一筆錢創業，
是母親勤儉節省的結果。
我每一筆錢，除日常必用的那部分，
其餘全部交給母親，是母親精打細算維持全家的生活。
我能夠順利創業，首先得感謝母親，
其次要感謝那些幫助過我的人。
……我覺得一家幸福最緊要，生意起跌很小事，
今日起，明日跌，一家人開心最緊要。

——李嘉誠如是說

情感之於人生是美麗的，又是痛苦的。在這充滿危險、痛苦、奔波的人世上，有什麼東西比情感更美麗、更能溫暖人心的呢？它最容易消失，但是在人心靈上留下的印記卻最久長；它是那樣的脆弱，不堪一擊，但又是那樣珍貴，令人終生難忘。當你帶著與生俱來的親情、碰到生死之交的友情、尋到相守一生的愛情的時候，你會感到你是世界上最幸福的人。是的，其實我們每個人都是世界上最幸福的人，只是很多時候我們身在其中沒有感覺到。所以，我們應該珍惜生命中的每一份感情，靜靜地，用生命去感受它……

1．兒孝不忘慈母恩

李嘉誠不光在事業上的成功令人稱道，而且他侍母至孝至敬，更是為世人所稱道。由於少年喪父，又飽嘗貧窮、輟學之苦，眼見母親李莊碧琴在那孩子幼小、寄人籬下的艱難日子裡，面對著為生計的窘境與困頓，含辛茹苦地操持那個家，撫育年紀尚幼的兩個弟弟一個妹妹，還經常在昏暗的燈光下，做著手工，為幼子縫縫補補，督促孩子溫習功課做作業，苦口婆心地勸戒孩子們要恪守社會道德，學會做人，刻苦耐勞，奮鬥成人……懂事的李嘉誠深知母親的摯愛與淒苦！儘管不時有舅父莊靜庵的關照，得解燃眉之急，能有三頓之安，但生活總還是過得甚為窘迫，時時捉襟見肘。而母親總也不向苦難低頭。更使李嘉誠刻骨銘心的，是賢惠的母親總是以積極向前的態度面對現實生活的嚴苛，不時諄諄地教育孩子們要「吃得苦中苦，方為人上人」。

李莊碧琴老夫人跟隨丈夫李雲經先生多年，自也增長了許多知識學問，不時給孩子們講述許多諸如「孫悟空西天取經」、「岳武穆精忠報國」、「文天祥抗元護宋」、「林則徐虎門銷煙」以及好些潮汕動人的民間故事，給孩子們帶來勇氣和希望。

李嘉誠深深地敬愛他的母親。從走上社會伊始，就痛下決心，「吃得苦中苦，來日報母勞」，期望幫助母親撐起那個負擔並不輕的家，扶持弟妹們快快成長，努力帶來生活的歡愉。見兒子有志氣、有毅力、能吃苦、尚儉樸、人聰明、也有活力，這些自然使母親萬分高興。

也許是李嘉誠的孝心感動了上天，李嘉誠發跡了！老母親也舒心地微笑著。但做為一個虔誠的佛教徒，母親經歷了人生的許多苦難，仍然諄諄教誨已經發跡的李嘉誠，一定要循古德，要講「忠恕」之道，要「慈悲為懷」。

李嘉誠表示過：「我旅港數十年，每碌碌於商務，然無日不懷戀桑梓，緬懷家園，圖報母恩。」他尊重母親禮佛的信願，數次捐資以老母親的名義在家鄉潮州整修開元護國禪寺。

為了讓母親晚年生活過得歡愉，他用鉅款給母親購置了一座花園別墅。每天上班前，下班後，他像例行公事那般，總要上門參拜一番高堂，聆聽教誨。每天他都吩咐管家人上市買活魚來烹煮，給老人家補養身體。

凡有親朋饋贈食品，凡為母親所喜歡的家鄉土特產或為母親所中意的美食，李嘉誠必親奉母親先嚐。當母親病重入院治療時，他親自小心翼翼地把老母親抱上救護車，抱下救護車，生怕有所閃失而增加母親的痛苦。

老母住院治療期間，李嘉誠極盡人子之孝，日夜守候勤加護理。

李嘉誠聽從母訓，對弟妹極盡心力幫助他們成家立業闖天下。他拿出鉅款，於一九八〇年將40年前的故居——府城北門街面線巷的祖宅重新改建，妥善地安排了堂兄們及子侄輩，讓他們安居樂業為社會做貢獻。

李莊碧琴老夫人是於一九八六年5月1日去世的。李嘉誠為母親舉行了隆重的追悼及殯葬儀式。是日，香港總督衛奕信及港府的達官貴人、香港社會的顯要賢達、親朋好友、新華社香港分社主要負責人、潮州商會、潮州公會、香港汕頭商會、香港潮安同鄉會，以及企業界的同仁等等有三千多人參加追悼會。汕頭市市長陳燕發、汕頭大學第一副校長林川，率汕頭市弔唁慰問團參加追悼大會。

追悼會及舉殯儀式，備極哀榮，也顯現人子之至誠至敬至衷至孝。李嘉誠還跪親奉送給佛寺主持的禮贈，以表誦經超渡之佛德。

李莊太夫人的靈柩葬於柴灣佛教墓地。

李嘉誠捐資500萬港元，在跑馬地興建「李嘉誠護老院」，為母親大人設置靈堂，供奉靈位，遺像懸瞻，以志永念。

李嘉誠的父親李雲經老先生，早年（一九四三年）安葬於九龍沙嶺和合石之潮州老家。數十年來歷經修繕，鋪築路徑，廣植林木，竟至綠樹成蔭。先人有知，也慰安矣。李嘉誠還多次捐資修建潮州老家，恩澤潤及桑梓同鄉先靈。

此後的每年春秋二祭，李嘉誠都會偕同夫人以及子女，前往掃墓，以示追思之情。

2．別讓真愛從身邊溜走

在李嘉誠的身邊，經常保存有一張極其珍貴的照片，那是一九八九年4月李嘉誠獲英女皇頒授CBE勳銜時，全家的合影照。風姿綽約的莊月明戴著一副茶色眼鏡，挽著一條銀灰色的長披肩，站在李嘉誠身邊，幸福地微笑著。大兒子李澤鉅與小兒子李澤楷分別站在他們夫婦的兩邊，臉上也是洋溢著幸福的笑容。

李嘉誠在百忙之暇，常常回想起當年剛到香港的時候，與表妹莊月明第一次見面時的背景。

那是一九四〇年的冬天，11歲的李嘉誠正在用他好奇的目光注視著香港這個花花綠綠的新奇世界。舅父莊靜庵笑呵呵地領出一個穿著校服的七歲大的小女孩兒，並告訴李嘉誠，這個小女孩就是他常聽父母談起的月明表妹。

這時候，雖然生活十分清苦，但是青梅竹馬、兩小無猜的李嘉誠和莊月明，卻是在一起度過了一段快樂的童年時光。李嘉誠經常講中國的地理知識和歷史故事給表妹聽，而莊月明也很認真地教李嘉誠改掉鄉音學說廣東話，並且還自告奮勇地擔當起李嘉誠的英語教師，幫助他補習英語。

這段快樂的童年時光，對於李嘉誠來說實在太短了。一九四三年父親去世，身為長子的李嘉誠為了幫助母親照顧全家，便不得不中途輟學，並開始了他的打工生涯。失去學業的痛苦，對於酷愛學習，剛剛跟上香港的學習進度的李嘉誠來說，打擊之巨是可想而知的，李嘉誠也為此流盡了傷心的淚水。

此後的漫長歲月裡，拚命工作的李嘉誠，也在拚命學習，同時，開始以一種情深款款的目光注視著表妹。開始喜歡有意無意希望更多地知道關於表妹的消息，開始愈來愈不自主的關注表妹的行蹤。

直到有一天，李嘉誠在學業上和事業上都取得了非常大的成果的時候，才感覺到自己心靈深處所鬱結的一種強烈的渴望——他需要愛人也需要被人愛。

這時候，李嘉誠終於發現自己這麼多年努力學習，艱苦創業的另一股鮮為人知的動力：他一直在深愛著默默關注他的學業和事業的表妹，他一直在努力用成果證明自己能夠配得上才貌雙全的表妹。

出身名門、聰穎好學的莊月明，從小就受到良好的教育。在英華女校中學畢業之後，莊月明不僅獲得了香港大學學士學位，而且還曾經留學日本明治大學。同李嘉誠一樣，在莊月明的內心深處，對於奮力拚搏、開創事業的李嘉誠也是敬佩非常。儘管李嘉誠為人相當含蓄，感情從不外露，但是莊月明仍然能夠深深體會出李嘉誠那種「並不是為賺錢而賺錢，而要的是自立，要充分顯示自己的能力和實力」的頑強精神，而這一點，卻正是莊月明所愛戴的。

從此，莊月明默默地將自己的事業同李嘉誠的事業聯繫在一起，在默默關注李嘉誠學業上和事業上發展的同時，既為他不要命地工作感到擔心，也為他每獲得一步巨大的成功感到由衷的高興。

有情人終成眷屬，一九六三年是李嘉誠在人生的道路上最為幸運和幸福的一年，這一年，他終於娶了心愛的表妹，這使他的事業如虎添翼，既得到了一位賢內助，又得到了一位強而有力的幫手。

莊月明周圍了解她的朋友，都這樣稱讚她：「李夫人同李先生結婚後，立即參與長江實業，共同推動公司業務進一步向前發展。雖然長江實業當時已經具備相當規模，但由於李夫人全力協助，長實在一九七二年就在股票市場上正式上市，業務蒸蒸日上，一日千里。」在家庭方面，李夫人盡心盡力相夫教子，栽培澤鉅、澤楷兩位公子長大成材，兩位公子在李夫人的親切教導下，奮發好學，在很短時間內，就完成了大學教育，擔負相當大的責任。」

這之後，任職長江實業執行董事的莊月明，在工作上勤勤懇懇，十分默契地配合李嘉誠；在公司的重大發展規劃上，也常常是為李嘉誠出謀劃策的核心人物。

然而，天有不測風雲，伴隨李嘉誠艱苦創業直至成功的莊月明，在與李嘉誠相濡以沫度過二十七個春秋之後，竟等不及深深愛戀著她的李嘉誠好好地回報她，就因心臟病發作，離他遠去了。一如《香港富豪列傳》一書中所談到的：

一九九〇年1月5日，香港《文匯報》曾經專題報導說：本港知名人士李嘉誠之夫人，長江實業（集團）有限公司創建董事莊月明女士之喪禮，昨天在香港殯儀館舉行，官商名流親臨至祭；內地各處領導人發來唁電及慰問信，三十多個社團前往以祭。喪禮採佛教儀式進行，由十位官紳名流扶靈，極盡榮哀。

李莊月明女士不幸於本月一日因心臟病發，在嘉助撒醫院逝世，享年五十八歲，在遺體舉殯後，安葬於佛教墳場。

長江實業（集團）有發公司董事李業廣致悼詞及代表家屬致謝詞及代表家屬致謝悼詞讚揚李莊月明女士，艱苦創業、敬業樂業，對公司做出卓越貢獻；在家中相夫教子，支持及鼓勵李先生為社會做出巨大貢獻。在她正值壯年的時候離開人間，是無法彌補的損失。

李莊月明夫人生前待人熱誠，和藹可親，實在令人懷念。她自少聰明好學，成績優良，在家族中，她對弟妹親切關懷，熱心指導，相親相愛。由於她態度誠懇，樂於助人，從小學、中學、留學日本到香港大學畢業，很多同學都成了她的知己朋友。

悼詞中又提到，李先生在事業方面辛勤工作，無論在香港還是在國內，都做出了巨大的貢獻。在這方面，李先生得到李夫人的全力支持和鼓勵，在稱頌李先生事業上的成就時，亦應對李夫人的貢獻表示衷心的敬意。

悼詞最後說，李夫人雖然離開我們，但是澤鉅、澤楷兩位公子將會繼續協助李先生實現李先生和李夫人的共同理想。李夫人重友情、重信義的優良品德，將永遠為一切親友所懷念。

昨日的喪禮，恭請香港佛教職合會會長覺光法師主持佛教儀式說法封棺。由鍾逸傑爵士、李鵬飛議員、加拿大帝國銀行加拿大總裁傅理敦、滙豐銀行主席浦偉士、香港警務署處長李君夏、張鑒泉議員、吳國泰先生、余頌平夫人、和記黃埔有限公司行政總載馬世民、盛永能先生（和記黃埔有限公司財務董事）扶靈出殯。」如果說馳騁商場的李嘉誠以準確的預測能力，敏銳的目光聞名國際商界的話，那麼值得一提的另一位目光敏銳者，便是秀麗博學的莊月明了。

是她在李嘉誠身無分文的時候發現他巨大的潛力，而且不論是在李嘉誠不幸輟學的時候，還是在李嘉誠艱苦創業的時期，莊月明都是李嘉誠最忠實的支持者和擁護者。

特別是在李嘉誠事業有成的時候，莊月明又利用自己在接受高等教育期間所獲得的專業知識，輔助李嘉誠完成他的宏基偉業。

李嘉誠永遠不會忘懷莊月明對他所付出的真摯無私的情愛，直到今天，還常常感慨地告訴他身邊的朋友：

「月明受過良好的教育，婚後在事業上為我出謀劃策，給予我很大的幫助。不僅如此，她把家裡的事情都處理得井井有條，使我完全不用為家裡的事情操心，能夠集中全部精力應付事業上的各種問題。這是我最要感謝她的地方。

李嘉誠也是為人稱道的好丈夫。李莊月明女士是於一九九〇年1月4日（農曆十二月初八日）舉殯，除在香港舉行隆重追悼儀式外，在家鄉開元禪寺也奉設了誦經儀式。

李嘉誠先生原準備請辭於一九九〇年2月8日在汕頭大學舉行的落成慶典儀式以表對愛妻的哀悼，但在眾親朋的勸說下，幾經考慮，思及「不應因我妻子逝世的事改期，以免連累成千上萬的人」（在此之前，慶典的「請柬」均已發出），終於能節哀忍痛，積極面對現實，以顧全大局出發，依期帶著兩個愛子，陪伴著企業界眾多同仁和公司的同事，出席汕大的慶典。

李嘉誠「力求內心的平和與寧靜」，「讓自己多做一些有益於國家、社會和民眾的事」，以志對亡妻的哀悼及永念。

李嘉誠先生在其夫人李莊月明去世後，為表達對其愛妻的志念與永悼；也因為李莊月明女士早年曾是香港大學畢業生，並於一九六一年在香港大學獲頒文學士學位。因此，李嘉誠先生特捐贈了三千五百萬港元與港大，並成立了專項基金。

香港大學據此，在校本部東北地帶實施校本部擴建計畫第4期工程，興建「莊月明樓。」此工程屬香港大學各期發展計畫中之規劃最大的一期工程。「莊月明樓」占地總面積達六千一百平方米。含兩幢主要教學樓及一座文娛中心。建築總面積為一一〇三萬平方米。

設在香港大學的「李嘉誠夫人（李莊月明）基金會」，還先後撥款資助香港大學在校舉辦「香港講座」。講座的第一系列題為「10年過渡的紀錄（一九八四年一九九四年）」，第二系列則為「香港與亞太區的未來。」這兩個系列的講座的舉行也同時是為紀念中英簽署聯合聲明十週年而舉辦的。效應頗佳。

3．能「共患難」更能「同甘甜」

真正的友誼，是心與心親密地接觸相撞而產生的、語言所不能表達的強烈的共鳴，它是一種擯棄了其他任何目的純信賴的感情。朋友當然有許多種，親密的程度也各不相同，但是，我所講的是真正的朋友，是能夠互相理解、信賴的朋友。這樣的朋友即使只有一兩個，那也將是人生巨大的財富，是生活給予我們的不朽的力量與最大的歡樂。李嘉誠與上海人盛頌聲和潮州人周千和的友誼可以說是純真友誼的典範。

李嘉誠由一個普通的打工仔成為全球華人首富，「長實」由一間破舊不堪的山寨廠成為龐大的跨國集團公司。究其原因，除了李嘉誠過人的智慧之外，還離不開他「夠朋友」的人格魅力。一般來說，對於白手起家的人而言，創業之難是不言而喻的，然而李嘉誠有一把走向成功的金鑰匙。

在企業創立之初，企業最希望有忠心耿耿、忠實苦幹的人才。在塑膠廠草創時期，李嘉誠曾親自安裝機器，生產製品、設計圖紙，靠自己的雙腿走街串巷，採購和推銷。因此，他的確需要能夠切實幫他的創業人才。所幸的是他找到了這樣的人，那就是上海人盛頌聲和潮州人周千和。

盛頌聲負責生產，周千和主理財務，他們兢兢業業，任勞任怨，輔助李嘉誠創業，是長江勞苦功高的元勳。

周千和後來回憶道：「那時，大家的薪酬都不高，才百來港紙（港元），條件之艱苦，不是現在的青年所能想像的。李先生跟我們一樣埋頭拼命做，大家都沒什麼話說的。有人會講，李先生是老闆，他是為自己苦做值得，打工的就不值。話不可這麼講，李先生寧可自己少得利，也要照顧大家的利益，把我們當自家人。」

多年的患難與共，使李嘉誠與盛、周二人不僅建立了一種極其深厚的感情，而且在事業上對他們極為信賴。一九八〇年，李嘉誠提拔盛頌聲為董事副總經理；一九八五年，他又委任周千和為董事副總經理。

有人說：「這是重舊情的李嘉誠，給兩位老臣子的精神安慰。」其實不然，李嘉誠委以重職又同時要以重任，盛頌聲負責長實公司的地產業務；周千和主理長實的股票買賣。一九八五年，盛頌聲因移民加拿大，才脫離長江集團，李嘉誠和下屬為他餞行，盛氏十分感動。周千和仍在長實服務，他的兒子也加入長實，成為長實的骨幹。

李嘉誠說：「長江實業能擴展到今天的規模，確實要歸功於他們。」盛頌聲、周千和都是忠心耿耿、埋頭苦幹，並且能夠同甘共苦。因此，李嘉誠在創業之初即把他們兩人倚為左膀右臂。

李嘉誠很念舊情，對曾有功於長江者，他都全力報答對方。李嘉誠留人先留心，方有了今日的人才濟濟，高人滿堂。在李嘉誠組建少壯派的過程中，也可以看出李嘉誠的不忘舊情。

「長實」元勳周千和的兒子周年茂還在學生時代起，李嘉誠就把他作為長實未來的專業人士培養，與其父親周千和一道送赴英國專修法律。後來，當周年茂學成回港之後，很自然地就進了長實集團，李嘉誠指定他為長實公司的代言人。

一九八三年，回港兩年的周年茂被選為長實董事，一九八五年後與其父親周千和一道擢升為董事副總經理，周年茂當時也只不過30出頭。

有人說周年茂一帆風順，飛黃騰達，是得其父的蔭庇——李嘉誠是個很念舊的主人，為感謝老夥伴的犬馬之勞，故而「愛屋及烏。」

的確，李嘉誠是一位很念舊情的人。但是卻不能說周年茂的「高升」只因李嘉誠對他的關照的關係。其實最主要的仍然是他具備了一定的實力，有足夠的能力擔此重任。

據長實的職員說：「講那樣話的人，實在不了解我們老闆，對碌碌無為之人，管他三親六戚，老闆一個都不要。年茂年紀雖輕，可是個有本事的青年呀。」

周年茂任副總經理，是頂替了移居加拿大的盛頌聲的缺位，主要是負責長實系的地產發展。茶果嶺麗港城、藍田滙景花園、天水圍的嘉湖花園等大型住宅屋村發展，都是由他具體策劃落實的。壓在周年茂肩上的擔子要比盛頌聲在的時候還要大，肩負的責任還要多。但他不負眾望，努力扎實地拼幹，得到了公司上下「雛鳳清於老風聲」的一致好評。長實參與政府官地的拍賣，原本由李嘉誠一手包攬，全權掌握，而現在呢？同行和記者會經常看到的長實代表，卻是張文質彬彬的年輕面孔——周年茂。而那李嘉誠的老面孔則不常見了，只有金額巨大的項目才會一覽李大超人的面孔。

周年茂雖然看外表像是一位文弱書生，但卻頗有大將風度，臨危而不亂，該進該棄，都能較好地把握分寸，收放自如，這是李嘉誠很放心的。

從這件事情上，可以看出李嘉誠的確很念舊，以致愛屋及烏。不過，李嘉誠也絕非是一個不講原則的人，他在重感情的同時，主要看重的是能力，他能尊重及任用友人之子，可說是兩種因素都有，假設周年茂並不是現在的樣子，而只是一個扶不起的阿斗，那李嘉誠絕對不會如此重用於他。他要報答周千和，辦法實在是很多的，簡單地說，可以送給他一筆錢，讓他去幹別的事情，任其去發展，卻斷然不會拿自己的事業當兒戲。

李嘉誠深知，元老重臣經驗的確很豐富，而且老成持重，但是他們卻拙於開拓，缺乏闖勁。事業已經處於上升期，那就更需要勇於開拓的人才。企業越來越大，就需要科學管理，就需要專業人才。

如果說，創業之初需要忠心耿耿、同甘共苦之人，但隨著事業的不斷擴展，單憑這

李嘉誠深知，事業已經處於上升期，那就更需要勇於開拓的人才。企業越來越大，就需要科學管理，就需要專業人才。

些人是不夠的，這時就急需青年人的闖勁。哪怕就是跌幾次跟斗，走一些彎路，但只要善於吸取教訓，始終進取，就一定能夠創新成功，獲取更大進步。於是，李嘉誠決定起用新人。

在長實管理層的後起之秀中，最引人注目的算是霍建寧。他的引人注目，並非他經常拋頭露面。實際上，他所從事的工作是幕後工作，處事低調。他負責的是長江全系的財務策劃，擅長理財，他認為自己不是個衝鋒陷陣的幹將，而是個專業管理人士。

霍建寧畢業於香港名校，隨後赴美深造。一九七九年學成回港，被李嘉誠招至旗下，出任長實會計主任。他業餘進修，考取英聯邦澳洲的特許會計師資格證（憑此證可去任何英聯邦國家與地區做開業會計師）。

李嘉誠很賞識他的才學，一九八五年委任他為長實董事，兩年後提升他為董事副總經理。是年，霍建寧才三十五歲，如此年輕就任香港最大集團的要職，實為罕見。

霍建寧不僅是長實系四家公司的董事，另外，他還是與長實有密切關係的公司如熊谷組（長實地產的重要建築承包商）、廣生行（李嘉誠親自扶植的商行）、愛美高（長實持有其股權）的董事。

外界的媒體稱霍建寧是一個「全身充滿賺錢細胞的人。」長實全系的重大投資安排、股票發行、銀行貸款、債券兌換等，都是由霍建寧策劃或參與抉擇的。

從這些項目中任意拿出一個項目來，動輒就會涉及數十億的資金，虧與盈都在於最後的決策。從李嘉誠對他的器重和信任來看，就不難看出他的最終決策總是盈大虧少。

當然，霍建寧本人的收入也是很可觀的，他的年薪和董事袍金，以及非經常性收入，如優惠股票等，年收入要達到一千萬港元以上。人們常說霍氏的點子「物超所值」，他是香港食腦族（即靠智慧吃飯）中的大富翁。

霍建寧不僅是長江的財源，而且還是為李嘉誠當「太傅」的角色，肩負著培育李氏二子李澤鉅、李澤楷的職責。

李嘉誠在實踐中證實霍建寧確實具備超常的經商才華後，能夠不拘一格委以大任。再者，讓霍建寧得到與其付出相應的收益，以增強其歸屬感。

在長實系新型的人才中不僅只有霍建寧，加上周年茂，洪小蓮，他們三人被稱為長實系新型三駕馬車。

洪小蓮年齡也不算大，她全面負責樓宇銷售。她是在二十世紀60年代末期，長江上市時，就跟隨李嘉誠任其祕書，後來又任長實董事。

洪小蓮是長實出名的「靚女」，人長得靚，風度好，待人熱情，在地產界，在中環

周年茂說：「長實內部新一代與上一代管理人的目標無矛盾，而且上一代的一套並無不妥，有輝煌的戰績可憑。」

各公司提起洪小蓮，無人不曉。長江總部，雖然人數不足200人，但卻是一個標準的「聯合國。」每年為長江系工作與服務的人，數以萬計。資產市值數以億計，業務往來跨越大半個地球。大小事務，千頭萬緒，全都要到洪小蓮這裡來匯總。

所有跟洪小蓮交往過的記者都說她：「洪姑娘是個完全能拍板的人。」

二十世紀80年代中期，長實管理層基本實現了新老交替，各部門負責人，大都是30～40歲的少壯派。

周年茂說：「長實內部新一代與上一代管理人的目標無矛盾，而且上一代的一套並無不妥，有輝煌的戰績可憑。」

使用年輕人，使長實銳意進取，富於活力。年輕人精力旺盛，工作效率又高。像洪小蓮，她的工作頗似長實的總理，不但事無巨細，千頭萬緒都到她這裡匯總，而且她還是個徹底的務實派。面試一名職員，會議所需的飲料，境外客戶下榻的酒店房間，她都要一竿子插到底。

香港某週刊在《李嘉誠的左右手》一文中，探討李嘉誠的用人之道時說：「創業之初忠心苦幹的左右手，可以幫助富豪『起家』，但元老重臣並不能跟得上形勢。到了某一個階段，倘若企業家要在事業上再往前跨進一步，他便難免要向外招攬人才。一方面以補充元老們胸襟見識上的不足，另一方面是利用有專長的人才，推動企業進一步發展。故此，一個富豪往往需要任用不同的人才……李嘉誠用人之道，顯然超卓。如果他一直只任用元老重臣，長實的發展相信會不如今天。……長實在80年代得以擴展及壯大，股價由一九八四年的6（港）元，升到90（港）元，和李嘉誠不斷提拔年青得力的左右手實在有關係。」

李嘉誠思賢若渴，愛才如命，廣聚人才，在重感情的同時講原則還集中表現在任用馬世民一事上。

馬世民是英國人。一九六六年，馬世民來到了香港，而且又進入了當時最負盛名的怡和洋行工作，並且一幹就幹了十四年，在怡和洋行很受器重。二十世紀70年代末的一天，馬世民代表怡和貿易來長實推銷冷氣機，希望長實在未來的大廈建築中，採用怡和經銷的冷氣系統。

當時馬世民來到長實以後，一定要親自面見李嘉誠。平日裡，身負眾多大任的李嘉誠是根本就不會過問這一類小事的，只把它交給手下人員去幹就行了，但是在對方的強烈要求之下，他還是同意會見一下這位倔強的「鬼佬」經理。誰知，經過這次會面，雙方對彼此的印象都非常深刻。

馬世民自我評價說：「目前來說，我的能力和經驗還有待於邊幹邊學。但香港是這樣，只要你拿出真本事來做生意，你就會學得很快。」另外，馬世民還說：「我屬龍，用你們中國人的話說，是龍的兒子。」

李嘉誠也是屬龍的，不同的是他比馬世民整整大了十二歲，李嘉誠與馬世民還就好些話題交換了意見，對這位新認識的「龍老弟」很是有好感。

一九八〇年，馬世民決定告別打工生涯了，他自立門戶創立了Davenham工程顧問公司，主要是承接新加坡的地鐵工程。

一九八二年以後，李嘉誠與和黃行政總裁李察信，在「立足香港」問題上產生了很深的分歧。於是最後的答案是李察信去意已定，李嘉誠也就開始積極物色接任人選，他看中了馬世民，於是李嘉誠為了讓馬世民加盟長實，便透過和黃收購了馬世民的Davenham公司，委任他為和黃第二把手——董事行政總裁。

馬世民一上任，便為和黃賺大錢，並輔佐李嘉誠成功地收購港燈集團。是為當時華資進軍英資四大戰役（李嘉誠收購和黃、港燈，包玉剛收購九龍倉、會德豐）中的漂亮一役。

我們不禁要為李嘉誠的思賢若渴、愛才如命的細節叫好。李嘉誠為得到馬世民這個大人才，而不惜重金將馬世民的公司一起買了下來，其實他用意不在這個公司，而是在於馬世民這個人。

總之，李嘉誠在與人相處中，寧虧自己，不虧大家，既看重感情，又任人唯賢，從而使「長實」始終富有凝聚力。數十年的風風雨雨，「長江」有起有落，但不管怎樣，卻鮮有跳槽者，這不能不說是李嘉誠人格魅力的成功。如今的「長實」集團，地產有了周年茂、財務策劃又換了霍建寧，樓宇銷售則有女將洪小蓮，和黃則有馬世民坐鎮。在長江地產至長江實業的初期，這些工作全部都是由李嘉誠一手包攬的，每件事都親力親為。而現在，李嘉誠的領軍角色換位了，由管事型變成了管人型。

今日的長江集團正如長江，以其博大的胸懷彙集了萬千細流，感召了八方英才。李嘉誠齊聚弄潮兒，呼嘯而出，乘風而來，合眾人之力，終於打造出一個令人敬仰的商業帝國。

李嘉誠不僅對於曾經為自己立下汗馬功勞的盛頌聲和周千和不忘舊情，即使對一般的員工，也非常念舊。

長江大廈既是李嘉誠地產大業的基石，又是他贏得「塑膠花大王」盛譽的老根據地。二十世紀70年代中期，香港才女林燕妮為她的廣告公司租場地，跑到長江大廈看

李嘉誠說：「一間企業就像一個家庭，他們是企業的功臣，理應得到這樣的待遇。現在他們老了，作為晚一輩，就該負起照顧他們的義務。」

樓，竟然發現李嘉誠仍在生產塑膠花。此時，塑膠花早已是昨日黃花，根本無錢可賺。何況長江產業當時的盈利已非常可觀，就算塑膠花有些許微薄小利，對長江實業來說，也是增之不多，減之不少。李嘉誠之所以仍在維持小額的塑膠花生產，林燕妮驚奇地發現，李嘉誠「不外是顧念著老員工，給他們一點生計。」

後來，「長江大廈租出去後，塑膠花廠停工了。不過，老員工亦獲得安排在大廈裡幹管理事宜。對老員工，他是很念舊的。」

在另外的一個場合，有人提起李嘉誠善待老員工的事，說：「怪不得老員工都對你感恩戴德。」

李嘉誠說：「一間企業就像一個家庭，他們是企業的功臣，理應得到這樣的待遇。現在他們老了，作為晚一輩，就該負起照顧他們的義務。」

朋友之間的友誼是珍貴而永恆的。俗話說：「在家靠父母，出門靠朋友。」可見朋友在每一個人生活中的重要位置。

古今中外的文人墨客均留下了大量關於友誼的高論。孔子的《論語》中關於交友的論點就不少：「益者三友，損者三友。友直，友諒，友多聞，益矣。」西方學者西塞羅、蒙田、培根、愛默生等也有不少關於交友的高論。到了當代中國，朋友更是「興旺」，什麼文友、商友、學友、棋友……派生出這麼多的友，恐怕也是現代社會強調分工的烙印。年輕朋友則更喜歡創新，覺得「哥們兒」不夠味，再加上個「鐵」，似乎表明現代人之間的友誼猶如銅牆鐵壁、堅不可摧。

然而，儘管「鐵哥們兒」之間稱兄道弟，能真正算得上朋友的究竟有多少？一旦有利害衝突，不妨捫心自問，在你失意患難之中能雪中送炭、始終不渝的朋友有幾個？在關鍵利害衝突時能不陷害你的朋友又有幾個？在你發達之時能不惦記你錢的朋友又有幾個？真正的朋友是不可能太多的。多則濫，濫則淺。酒桌之上「哥倆好」，酒醒之後也與路人一般，這樣的朋友只是一種修辭上的誇張。

交什麼樣的朋友，是人生一個重要問題。選擇朋友一定要慎而又慎，以正直、誠實、互相幫助為標準。真正的朋友不可能是一好百好，而是包含著互相勉勵、規勸、批評與自我批評，朋友之間坦誠相待，不護短、不妒長，在大是大非問題上不遷就，這樣才能對雙方有益，從而友誼才能天長地久。

真正的朋友並不常相守，濃郁的友情看上去反而十分清淡。即使相隔多年未曾謀面，一朝相會兩個人的心靈便立刻對接上，無需任何寒暄與過渡，雙方就能融為一體。友情的高低往往和距離成正比——時間與空間的雙重距離。糾纏在你身邊並且需要時時呵護的友情，往往十分脆弱。最珍貴的友情又總是像北極星那樣，永恆而又遙遠。

朋友，就是當你事業有成時，他與你一起分享，使歡樂增加一倍；當你遇到不幸與痛苦時，他與你一起分擔，使痛苦減少一半。這叫水乳交融，患難與共。

誰是你的朋友，誰就是你的生命尺度。就像老舍和趙樹理那樣，一旦一位不幸去世，另一位會覺得自己的一部分生命也隨之離去。

友誼就像沙裡淘金需要長時間的磨練，只有經得時間考驗的友誼才是最難能可貴的。「死生貧富轉換之際而始終不渝者，知己也。」願我們的人生中多一些真正的朋友。

4．任何時候都不能嬌慣孩子

古語道：「愛子，教之以義方，費約於邪。」若想使孩子成才，則必須運用最科學的教育方法。李嘉誠說：「不管你擁有多少家財，對孩子就應該從小培養他們獨立自強的能力，特別不能讓他們養成嬌生慣養、任意揮霍的生活習慣。」

家庭教育是一門學問，也是一種謀略，並且是一門操作性很強的學問與謀略。要搞好家庭教育，除了需要家長具有適應時代要求的。正確的價值觀念和一定的教育科學知識外，還需要家長掌握各種行之有效的方法，根據孩子的特長因勢利導、因才施教，使子女健康成長，成為未來的社會棟樑。

如果說李嘉誠是一個成功的商人，在為人、做人方面更是成功的，這一切大家也都耳聞目睹了。同樣地，他在教育兩個兒子方面更是如此，他常對兒子說：做人比做生意更重要。因為李嘉誠「以往我百分之九十九是教孩子做人的道理，現在有時會與他們談論生意，但約三分之一談生意，三分之二教他們做人的道理。因為世情才是大學問！」

李嘉誠認為：「大富在天，小富在人」，即使在自己絕對「大富」之後，對兩個兒子的教育，仍然不像別人的富家子弟那樣嬌慣。他覺得雖然自己有錢，也絕不會令他們嬌生慣養，一定要吃苦，才能擔當重任。因為「富家子弟等於溫室長大的植物，無論是大樹或其他植物，根部一定不壯。若再放縱他們多一點，他們會一生辛苦，遇有什麼打擊及逆境便很難面對。我雖然不是很有本事，但可以說我這棵小樹是在風雨中長大，經得起考驗。」所以對兩個兒子從幼年至成長，都特別注意讓他們飽經鍛鍊。他曾對兩個兒子說：「我這棵小樹是從沙石風雨中長出來的，你們可以去山上試試，由沙石長出來的小樹，要拔去是多麼的費力啊！花雖好看，但從石縫裡長出來的小樹，則更富有生命力！」

李嘉誠對兒子要求之嚴格遠遠超出一般人的想像，在大多數人的眼裡，像他這樣的世界性超級巨富，在美國那樣汽車非常普及的國家留學，給兒子買輛汽車還不是順理成章的事，可李嘉誠為了鍛鍊兒子吃苦的本領，僅僅給兩個在美國留學的兒子一人買了一輛自行車。

二〇〇一年2月2日，李嘉誠在與中文大學行政人員工商管理碩士班的學生座談時，才透露出了這個小祕密。他說：「我昨天剛與一個歐洲著名家族吃午飯，他們已有五代的成功歷史，十分有修養、有禮貌。中國有句老話：『富不過三代』，但今天的教育、組織不同，令事業可以繼續，相信這句話日後將會修正，正如這個歐洲家族今天的事業比過去任何一代都好。過去中國有些有錢人家寧可讓子弟去吸鴉片，因可避免他們沉迷賭博等不良嗜好，這是落後的思想。當年，我朋友的兒子去外地讀書，買了Rolls Royce（勞斯萊斯）開蓬車代步，我不便批評。但我兩個兒子買的只是兩部單車，在美國Stanford（史丹福）大學行走也十分方便。直到有一天，我在九樓apartment（公寓）等他們回家吃飯，看到一輛單車冒雨在車群中『之』字型穿梭，險象環生，看清楚才知是其中一個兒子，而他到家時已渾身濕透，還背著幾十磅東西。這時，我才叫他們第二天去學車考牌，買一輛堅固的、去年款式的新車。」

在今天的李家，每逢吃晚飯時，兩個兒子分別坐在李嘉誠的兩旁，經常性地你一言我一語說得非常活躍，似乎總有說不完的有趣話題，而坐在對面的大媳婦王富信則不然，她一聲不吭地專心吃著飯。

無論工作有多忙碌，每逢是星期一，他們一家人必須在深水灣家或去外婆家吃上一頓團圓飯，通常一家四口，四菜一湯，吃得很清淡。這一習慣在李嘉誠創業之初到今天一直堅持著。

在眾人的眼裡，李嘉誠是一個成功的企業家，商業鉅子，懂得如何賺大錢。但在他的兩個兒子的心裡，李嘉誠有另一種心靈上的追求，感覺很溫馨。

小兒子澤楷說：「我覺得我很幸運，可能是令人想不到的。我們生活是那樣簡單，不是說簡單就叫做非常好，而是簡單原來就是非常幸福。」

李澤鉅說：「爸爸是一個很懂得用錢的人，他知道生命裡哪些事情最重要。如果在他一生中，在教育和醫療方面，可以幫助不幸的人，他感覺更加富有。」

李嘉誠說：「一九五七年、五八年，我賺了很多錢，那兩年，我很快樂。」一年後，快樂換來迷惘，他想：有了金錢，人生是否就可以很快樂呢？左思右想，他終於想

李澤鉅說：「爸爸是一個很懂得用錢的人，他知道生命裡哪些事情最重要。如果在他一生中，在教育和醫療方面，可以幫助不幸的人，他感覺更加富有。」

通了。「當你賺到錢，等有機會時，就要用錢，賺錢才有意義。」

等到想通了金錢的意義，跳離了金錢的圈套，李嘉誠就把這一所悟教育給自己的兒子李澤鉅、李澤楷。李嘉誠十四歲喪父，今日的成就是依靠自己千辛萬苦掙出來的。於是他明白，只有磨練，方知做人、做事的艱辛，溫室裡的幼苗怕是不能夠茁壯成長的，他帶他們去看外面的困難，讓他們去領會人生的艱辛，帶他們坐電車坐巴士，又跑到路邊的報紙攤，看那一邊賣報紙一邊還在溫習功課的小女孩，讓他們知道什麼才是求學態度。他帶著兩個兒子，從身邊市井民眾身上去接受、領悟人世的坎坷，去品味該如何去做人。

每當星期天，李澤鉅、李澤楷兩兄弟必定會跟父親出海暢遊這已是多年的習慣，像一日三餐不可或缺。也許大家感到奇怪，不就出海嗎？人人都會，人人都去。但是，他們出海暢遊的目地，在於他們要協力上演的一幕「壓軸好戲。」

李嘉誠說：「在兒子入大學之前，我每週日均拒絕所有應酬，帶他們到一艘絕不豪華的小遊艇去，好處是跟他們說道理，他們也無處可逃。他們一定要聽我講話。我帶著書本，是文言文的那種，解釋給他們聽，然後問他們問題。我想，到今天他們亦未必看得懂，但那些是中國人最寶貴的經驗和做人宗旨。」

在李嘉誠的眼裡，父母對孩子的關心，不是體現在給錢的多少上，「是否疼愛不是靠金錢或物質去衡量。兒子在外地念書時，我給他們開了兩個戶頭，一個他們絕不動用，但已準備足夠他們完成PHD課程的費用。至於使用另一個戶頭的金錢，他們必須寫信給我報告，我會在二十四小時內回覆。後來因為他們功課太多，才接受他們要求改用電話說明，這才是有用的疼愛，我個人認為太多物質反而有害。」

做生意與做人一樣，李嘉誠有自己堅守的原則。「有些生意，給多少錢讓我賺，我都不賺……有些生意，已經知道是對人有害，就算社會容許做，我都不做。」在滾滾紅塵當中，可以闢一處地方安頓好自己的良心，身心亦較舒坦。

李嘉誠給兒子們的「最高指示」，是凡事要低調，不可大張齊鼓，大肆渲染。但是在一些適當的場合裡，他也會做一些巧妙的安排，讓兩個兒子曝光亮相，出現在眾人面前。比如在一九九〇年萬博家園推出預售之前，長實集團公關精心安排，讓當時的集團執行董事長李澤鉅，出現在媒體面前，接受兩本雜誌的訪問。但是在一些平常場面裡，他總不讓兒子「露面」於眾，以免樹大招風，無助於心理成長。

李嘉誠經常教育兒子，「做事要留有餘地，不把事情做絕。有錢大家賺，利潤大家分享，這樣才有人願意合作。假如拿10%的股份是公正的，拿11%也可以，但是如果只

李嘉誠給兒子們的「最高指示」，是凡事要低調，不可大張齊鼓，大肆渲染。

拿9%的股份，就會財源滾滾來。」

李嘉誠的箴言，不僅是他對兩個兒子的要求，這也實在是他一輩子經商心血所凝成的經驗，同時也是他自己一生行商的準則。

就是這個簡單不過的準則，讓李嘉誠結交了無數商界朋友，贏得了廣大股東和職員的信賴和支持，樹立崇高的形象，為他贏來了無數的財富，並一舉登上香港首富、世界華人首富的寶座。

中華民族自古崇尚「滿招損，謙受益」，講究「槍打出頭鳥」、「木秀於林，風必摧之。」就是普通老百姓所說的「以和為貴」、財不外露。

利益共用也是中國式經商的行動地則，假如違反這一遊戲規則，失去的絕不只是合作的這一個對象。口口相傳，失去是你的整個商業信譽，繼而危及你的整個商業地位。

但是如果把事情反過來考慮呢？如果按照李嘉誠所說的只拿9%，你得到的又絕非僅僅合作的一方，人們將從你的行為中，相信你的人格和信譽，你就將會贏得大量的商業機會，勢必就會財源滾滾而來的。

從表面上來看，你的確是少拿了1%，但是從實際來講，回報於你的又豈是只值你少拿的那1%呢？它有時是它的十倍，甚而百倍、千倍。

李嘉誠對兒子的勸戒，實在是放之於社會而皆準的真理，是為人處世法寶。實是揚我中華之美德的寫照。

5．給子以「漁」而非「魚」

中國人的傳統觀念，做父母的都喜歡省吃儉用給子孫留下一筆財產，豈不知這反而助長了子女的依賴心理。李嘉誠卻說：「西方有說留給下一代煉金術，而非黃金；中國人說是給漁而非魚，意思都是一樣的。因此一個發了財的人，不應該只顧一己的揮霍，也不應當守財奴，更沒有必要把財產遺留給自己的子孫！因為如果子孫是好的，他們必定有志氣，選擇獨立自強之路，不依賴父母，自己獨創天下。反之，如果子孫沒出息，不求上進，好逸惡勞，一味追求享樂，存在依賴心理，動輒搬出家父是某某來，那麼給他們金錢就會助長其驕奢淫逸的惡習發展，成為名副其實的紈袴子弟。到頭來一無所成，甚至會成為社會的蛀米蟲，豈不是反而害了他們一輩子！」

超人也是人。隨著年齡的增長，李嘉誠已是花甲老人，並且已年近古稀。因此，李嘉誠白手起家一手創下的龐大的商業王國由誰接班繼承，自然成了人們普遍關注的問

李嘉誠卻說：西方有說留給下一代煉金術，而非黃金；中國人說是給漁而非魚，意思都是一樣的。

題。對此，李嘉誠曾多次聲稱，他素來不主張古老的家族性統治，而更看重西方股份公司的一套。公司首腦由董事股東選舉產生，而非父傳子承，這樣方可保持活力。如果他的兒子不行，不會考慮讓他們接班。他不在乎是家族內還是家族外的人執掌大權。

本來，按照中國的傳統觀念，子承父業乃天經地義。李嘉誠的觀念分明已經超越了時空和民族，充分顯示出他冷靜而理智的一面。因為李嘉誠深知，商場來不得半點感情用事。在他的眼裡，只有家族事業能夠發揚光大，才是最重要的。至於誰當首腦那都是次要的。從這裡可以看到李嘉誠接受西方商業文化的先進性。

我們從中國歷史上，看到了太多手執權杖、口含銀匙出生的「二世祖」，辜負父訓，一敗塗地，揮霍無度，坐吃山空，敗光祖業，甚至是斷送江山。一部中國歷史，這樣的事例寫得滿滿檔檔。

李嘉誠飽讀經書，深受傳統文化的薰陶，因此他十分清醒，決不能上演「二世而亡」的悲劇。同時，李嘉誠又十分注意接受西方先進的思想觀念。股份公司的模式解決了中國幾千年來沒有解決的問題。

確實，如果兒子不行，李嘉誠不會考慮讓他們接班。但如果兒子行，李嘉誠就會義無反顧地把重擔放到他們肩上。「親情難捨」，乃人之常情。李嘉誠畢竟是中國人，骨子裡是希望兒子爭氣，繼承大業。實際上，為了培養兒子將來能夠接班，李嘉誠、莊月明夫婦可謂煞費苦心，深謀遠慮。

他們對李澤鉅和李澤楷兩個兒子從小就很注意培養。大公子李澤鉅從小受到良好的教育，小學中學，就讀於香港名校聖保羅英文書院。中三時，李嘉誠安排他遠涉重洋到美國繼續中學學業。

李嘉誠給兒子的錢，足以滿足日常消費，但絕不可享受奢侈。遠離家門的李澤鉅，少年時就開始接受獨立生活的鍛鍊。中學畢業後，李澤鉅按照父親的意願考入美國著名的史丹福大學念土木工程系。畢竟房地產是家族基業的基石，是香港最具潛力的產業。

李嘉誠對兒子的培養，還不限於此。在澤鉅、澤楷兄弟倆不滿10歲時，李嘉誠就在長實會議室配有「專席」，讓他的兩位公子出席董事會議，接受最早的商業訓練。對此，李嘉誠這樣解釋說：「雖然他們年齡小還不懂事，但是我想啟蒙教育會讓他們從小知道父親創業的艱難，學習父親頑強拼搏的精神，長大了才能成為棟樑之材。如果現在放鬆了對他們的早期教育，他們成了只知道吃喝玩樂的紈袴子弟，再進行教育就遲了。」

當然，這件事是好些年後才披露出來。不然，當時就要被傳媒炒得沸沸揚揚。

接班人的培養關係到李嘉誠退休之後，李氏王國的前途命運問題。是發揚光大繼續輝煌興旺，還是走下坡路隕落？正所謂創業難，守業更難。

有人不禁納悶，不滿10歲的孩子懂得什麼？其實，李嘉誠並不計較他們聽懂了什麼，重要的是商業氛圍的薰陶。正如要培養一名音樂家，在襁褓時就要讓他聽曲子；造就一個航海家，在他學步時就要讓他到舢艇裡顛簸。李嘉誠用心之良苦，可見一斑。

二十世紀80年代中，李澤鉅獲結構工程博士學位回港，在父親的公司裡任普通職員。李嘉誠不想讓他一步登天。曾有董事提議讓澤鉅進董事局，遭到李嘉誠拒絕。但李嘉誠卻專門安排長實集團第二把手、畢業於劍橋經濟系的董事副主席麥理思充當培養大公子的「太傅」。

一九八六年，李嘉誠、麥理思、馬世民等頻頻與加拿大官員商人會談，李澤鉅常參與其中。這是李澤鉅參商議政的開始。從這裡可以看到，李嘉誠其實從兒子童年時就開始接班人的培養。

雖然說李嘉誠很開明，假如兒子不爭氣，那麼他就會仿效西方股份公司的做法，以賢能者為首領。但他畢竟是中國人，總是首先希望兒子能有能力接過擔子。請外人來主政，畢竟是沒辦法的辦法。

接班人的培養關係到李嘉誠退休之後，李氏王國的前途命運問題。是發揚光大繼續輝煌興旺，還是走下坡路隕落？正所謂創業難，守業更難。

這麼說來，選好接班人的意義絲毫不亞於建立一個龐大的商業王國。從小培養訓練兩個公子，足見李嘉誠長遠的憂患意識，不愧是個傑出的戰略家。

在李嘉誠大舉進軍加拿大前，他已作了巧妙的安排，讓兩位公子於一九八三年加入加拿大國籍。且不論李嘉誠是世界級富豪，就憑他在加國當時已有的物業，其子入加籍易如反掌。可見，李嘉誠赴加拿大投資，並非一時的衝動。

一九八六年12月，長實系和黃及李氏家族投資32億港元，購入加拿大赫斯基石油公司52%股權。按加國法律，外國人不能收購「經營健全」的能源公司。這時，李澤鉅的加拿大國籍就成了交易成敗的關鍵。以李澤鉅的名義，就變成本國公民。收購順利完成。其後，李澤鉅有大半時間坐鎮加國，打理家族在該國的業務。從這件事中，不少人又一次羨嘆李嘉誠慧眼獨具、提早佈局的遠見。

李嘉誠的商業活動就像下棋，他通常是胸懷全域，埋下連環伏筆，每一步怎樣走都成竹在胸。俗話說，人無遠慮，必有近憂。商場如戰場，一樣需要韜略。我們要做某一件事時，不妨多設想幾步，考慮將會遇到什麼情況。那麼，如果事先作好安排，一切便掌握了主動。那種腳踩西瓜皮，滑到哪裡算哪裡，決不會是一個成功的人。

赫斯基石油股權交易簽約之後，當地傳媒都在顯著位置報導了這宗大型產權交易，

李嘉誠的商業活動就像下棋，他通常是胸懷全域，埋下連環伏筆，每一步怎樣走都成竹在胸。

而對收購方僅是輕描淡寫、一筆帶過，說是來至香港的某財團。這樣的反應和效果是李嘉誠所不能滿意的。於是，他選擇了一個有加方華裔雇員在場的機會對李澤鉅說：「這裡不比香港，沒有多少人認識我們。如果在香港，這可是大新聞。你躲進酒店的臥房，都會有電話追進來。」

言者有心，聽者有意。那位華裔雇員不知是計地當了一回李嘉誠的「傳令兵。」得知「消息」的赫斯基石油公司主席布拉爾，特意為李嘉誠父子及麥理思、馬世民等人舉行盛大宴會，並邀請加國的政界商界要員出席。李嘉誠在宴會上乘機推出李澤鉅，加國商界由此而認識了李家大公子。當然，李澤鉅真正脫穎而出，是他參與世博會舊址發展項目。

一九八六年，世界博覽會在溫哥華舉辦。落幕之後，各國的臨時展廳或拆卸，或廢棄。舊址為靠海的長形地帶，發展前景良好。地皮為省政府的公產，可以用較優惠的價格購得。生活在溫哥華的李澤鉅，以他土木專業的眼光，看好這幅地皮將可發展成綜合性商業住宅區。於是，他積極向父親建議，理由如下：

一、世博會舊址附近都已開發，社區設施、交通等已有良好基礎。

二、溫哥華這一區域，和一般大都市不同，並無高架公路，市容美觀。

三、舊址位於市區邊緣，有市郊的便利而無市區的弊端，無論往返市區或郊區，都同樣便利。

四、位置臨海，景色怡人，海景住宅當然矜貴。

五、香港移民源源不斷開赴楓葉國（加拿大），對飽受市區嘈雜擁擠之苦而又嫌郊區偏遠冷寂的港人來說，這樣的海景住宅有相當大的吸引力。李嘉誠認為兒子的想法儘管有點「狂」，但頗顯商業眼光。

說李澤鉅的想法「狂」，一點不誇張。因為整塊地皮，大約相當於港島的整個灣仔區，外加銅鑼灣。迄今為止，香港有哪個地產商，在這麼開闊的地段發展浩大的綜合物業？在加國建築史上，也將是開天闢地頭一遭。投資巨大（後來確定的投資額達170億港元），非長實集團所能承擔。

李嘉誠拉他的同業好友李兆基、鄭裕彤加盟，與加拿大帝國商業銀行旗下的太平協和公司（李嘉誠占10％股權）共同開發。決策為各大股東（李嘉誠個人及集團占50％股權，另50％為各股東分占），具體操作人為李澤鉅。

李澤鉅為這宏圖巨構，一手一腳策劃、設計，無盡心血，悉付於此。曾經在兩年之間，出席大大小小公聽會200多個，與各界人士逾2萬人見過面，解釋這個計畫。當然，他的背後，父親、師傅及其他人等，一直予以無限量支持。

也許是虎門無犬子，李澤鉅一出手就是大手筆。當然，李嘉誠更不愧為大家風範，給李澤鉅委以大任，一出手就是以百億計。

端的是響鼓重錘，李澤鉅一亮相就不同凡響，出場便給人以猛龍過江（李澤鉅正屬龍）的震懾力，令人刮目相看，不敢小覷。李嘉誠的用意也許正在這裡。

一九八八年，新財團以32億港元鉅款投得世博會舊址發展權。一切都如期進行。一九八九年3月，平整地盤的施工地段，赫然出現了一張「告同胞書」，措辭激烈，充滿排外的極端情緒。這與加國政府為吸引華人資金和人才大開方便之門的國策，簡直南轅北轍。

李澤鉅對加拿大人的過激行為既氣憤又無奈。他說：「他們似乎完全看不見我也是加拿大公民，他們反應太過激烈。」

據傳媒估計，當地人排外，還與李澤鉅的另一宗生意有關。世博會舊址，以太平協和的名義簽約之後，李澤鉅將另一間公司的200多個新公寓，直接在香港發售。消息傳回溫哥華，當地傳媒大肆渲染，引起本地人的不滿，質問省政府：將來世博會物業，是否又賣給香港人，讓這裡演變為華人的天下？

省督林思齊博士為平息民怨，要太平協和保證，在這塊極優惠的地皮上興建的物業，不會只在海外發售，必須優先向當地人發售。這就意味著，興建的物業，將不可先期在香港賣好價錢。而加國地價樓價低廉，這是公認的事實，就是說，新財團的盈利將被大打折扣。

令人奇怪的是，這麼大的風波，李嘉誠沒有出面，麥理思、馬世民也未露面，而全盤託付給坐鎮加國的太子。這表明，李嘉誠立意要考驗兒子隨機決斷、談判交涉的能力和毅力。

李澤鉅得知這一情況後，立即從滑雪勝地韋斯拉趕到溫哥華，他語氣溫和但咄咄逼人、鋒芒畢露地問省督林思齊：「如果世博會發展擱淺，你明白這意味著什麼？」

林思齊是一九六七年從香港移民加國的，對香港的內情再清楚不過。特別是李嘉誠在香港的號召力，足以使流入加國的地產投資縮減三分之二！更會使在香港移民潮中的受益省——卑詩省，落在其他省後面！另外，卑詩省是得到香港移民利益最多的省份。如果移民停止投資甚至撤資，該省經濟將受到沉重打擊。這就是省督林思齊及其卑詩省要命的弱點。

於是，省督說服省議會，對李澤鉅的要求做出讓步，許可世博會物業，將可同時在香港和溫哥華發售——這實際上是以向港人發售為主。

省議員透過傳媒，向市民說明利弊關係，稱華裔移民是溫市建設的和平使者，要善待他們。同時，李澤鉅也在積極配合，以爭取民心，他在溫哥華的一次記者招待會上說：「6年來我的最大收穫，就是加入了加拿大籍。」

風波平息，工程繼續上馬，這就是後來定名為「萬博豪園」（注：世博會又叫萬國博覽會）的龐大商業住宅群。

李澤鉅的處事能力得到乃父的賞識，李嘉誠同意董事的一致要求，吸收李澤鉅任長實集團董事。

在這個故事裡，我們首先欽佩李嘉誠的氣魄，在這麼大的投資、這麼大的風波中，也那麼沉得住氣，像一個得道高僧一樣我自巋然不動。也看出李嘉誠為培養接班人不惜冒大風險、下大賭注。

確實，如果接班人能當大任，將李氏商業王國繼續擴張，那麼，多大的風險多大的代價也是值得的。

雖然李嘉誠經常告誡公子，「凡事要低調。」但他又深知輿論對一個人的事業的巨大推動力。因此，李嘉誠總是選擇最適當的機會，安排讓公子曝光亮相。

早在一九八五年，李澤鉅才及弱冠，香港證券界泰斗人物馮景德生前為他所持有的最後一間公司「天安中國」舉行開幕酒會，李嘉誠便攜帶李澤鉅出席，爭取機會使他認識本埠商界的世叔伯。

一九九〇年，萬博豪國嘉匯苑公寓在港推出前，長實集團公關部就精心安排，讓集團執行董事李澤鉅接受兩家雜誌的採訪——連人帶房一併推向社會，反響甚佳。

一九九二年7月，新任港督彭定康視察葵湧的4號貨櫃碼頭，受到長實集團的隆重歡迎。澤鉅、澤楷兩公子站在老爸兩側，李嘉誠特意將兩個兒子介紹給新港督。10月，彭定康宣布「總督商務委員會」名單，李澤鉅名列其中。

歷來「商委會」有港府的「商政局」之說，地位權勢聲望，不言而喻。商委會共有18名商界名人和3名議員，惟有李澤鉅年僅28歲，這顯然是本當由李嘉誠出任的公職「禪讓」給其子。

一九九二年4月，李嘉誠突然辭去滙豐銀行非執行副主席職務。眾說紛紜、風波未息之際，超人與滙豐大班浦偉士「順水推舟」，讓李澤鉅進入滙豐董事局。

如此顯赫的位置，繼「包大人」包玉剛之後，便是李超人李嘉誠，怎麼也輪不上後生晚輩李澤鉅——眾人自然明白，李澤鉅便是李嘉誠，兒子接班，步步變為既成事實。

在商界，靠的是朋友。社會關係是頂頂重要的。李嘉誠自然深諳這一點。香港，秉承中華民族的傳統，大商家多屬家族性質，講究論資排輩。單憑李澤鉅的資歷，是不足以與香港商界老一輩的大商家平等交往的。中國式經商，講究的是門當戶對，前輩晚輩分得很清。

因此，李嘉誠帶著李澤鉅認識商界世叔伯和政府首腦，人們不看僧面看佛面，自然為日後李澤鉅主持大政打下牢實的基礎。儘管後來李澤鉅並沒有接受父親的安排，而是另立門戶，成立了「盈科拓展」，但李嘉誠對兒子的苦心培養，仍然可說是既符合中國傳統，又是他深深熟悉中國式經商風格的精明之舉。

6．保持良好的身體狀態

良好的身體狀態本身就是人生命運的一大組成部分，更是成就一番事業必不可少的重要條件。在創業過程中，你可能要在身體素質和體魄強度等方面，忍受和適應各種工作對自己提出的許多特殊要求，忍受雜亂且不規律的生活方式：馬拉松式的會談，口乾舌燥的演說，令人頭暈目眩的突發事件，無盡無窮的文山會海……這一切都像一座座關口，無時無刻不在考驗著你的身體素質。

李嘉誠既事業有成，更注意保持良好的身體狀態。他深知「領導人愈忙愈壞事」的道理，尤其當生意做大時，更需要保持健康的身體。為此，李嘉誠極少把白天的工作帶回家中，並且「儘量擠出時間使自己得到良好的休息。只有得到良好的休息，才會有充沛、旺盛的精力去面對突如其來發生的各種事情。」

具有良好的體力狀況對你的才能充分發揮具有不可忽視的意義，職場上的升降、調動、進退，無不與它有著極為密切的聯繫。現代社會中，對身體素質的要求日益提高，首先要重視的當然是自己的體力狀況，否則，將不但不能適應社會前進的大潮，反而會逐漸被其吞沒，或者被淘汰，落在歷史的後面。

一六八二年6月沙皇伊凡五世去世後，俄國貴族在擁立新沙皇這個問題上發生重大分歧，分為兩派：一部分擁立伊凡；一部分擁護彼得。後來兩派妥協，共同擁戴伊凡和彼得同時任沙皇。由於他們都還年幼，所以由姐姐索菲亞攝政。在這個複雜的形勢下，鬥爭首先在伊凡與彼得之間進行。伊凡身體條件極差，瘦小羸弱；而彼得體格健壯，性情粗野，有人君之度，更多的時候是他臨朝視事。由於他的身體和性格的優越，經常和夥伴們與當時俄軍精銳射擊軍混在一塊戲鬧，因此漸漸得到元老重臣和軍隊的支持，於

一個成功的人必須為自己的事業付出代價，在痛苦而艱難的道路上行進，正如邱吉爾一九四一年令人難以忘懷地向英國人民提出的那樣：「流血、苦幹、掉淚、流汗。」

一六八九年實際上廢除了伊凡的沙皇稱號。年僅17歲的彼得，隨後又以超凡的魄力和手段，在軍隊的支持下粉碎了姐姐索菲亞的政變企圖，奪回政權，親理朝政。他就是歷史上赫赫有名的沙皇彼得一世！他用自己的鐵腕，征服了俄國的愚昧和落後，終於使俄國一躍成為橫跨亞歐大陸的一大帝國，彼得一世也因此名垂青史。

一個成功的人必須為自己的事業付出代價，在痛苦而艱難的道路上行進，正如邱吉爾一九四一年令人難以忘懷地向英國人民提出的那樣：「流血、苦幹、掉淚、流汗。」更為常見的是，他必須進行艱苦卓絕的腦力和體力的鬥爭。為了維持政治的平衡，他不得不「像思想家那樣幹，像實幹家那樣思想」，而這一切的代價，就是身體的消耗。

溫斯頓・邱吉爾，二戰期間英國首相，著名政治家。一八七四年11月30日，出生於英國一個貴族家庭。一九四〇年的夏季，英國的綏靖政府倒臺，邱吉爾臨危受命，出任首相之職並組織政府。在大英帝國面臨覆亡之際，邱吉爾挑起了戰時首相的重任。不甘政治寂寞，不向任何勢力低頭，這就是邱吉爾的鮮明特點。邱吉爾也是現代政治家中的長壽者，於一九六五年1月24日辭世，壽高91歲。

讀過邱吉爾傳記或了解其生平的人知道，從生理角度看，邱吉爾於健康長壽有兩大不利因素。一是他先天不足，出生時早產，僅二千五百克，出生後體質羸弱，經常鬧病，不僅不聰明，還有些笨拙，兩歲多了說話還吐字不清，學會說話之後又發音不準，還有點口吃；無遺傳優勢，父親只活了46歲，母親67歲。二是他後天不良，嗜煙酒，性格暴躁，每天只睡5～6個小時。二戰時，他於一九四〇年以65歲高齡臨危受命為英國戰時首相兼三軍最高統帥，肩負領導整個英國與德國法西斯進行殊死鬥爭的重任，日理萬機，殫精竭慮，寢食難安，是對身體健康的嚴重挑戰。比他年輕8歲的親密戰友、美國總統羅斯福就因心力交瘁，於一九四五年二戰勝利在即之時因腦溢血殉職，時年63歲。另一位偉人史達林也於二戰勝利後的一九五三年「過勞死」（腦溢血），享年73歲。惟獨邱吉爾是二戰時各國領袖中最後離開這個世界的。他是如何彌補了先天不足的缺陷，又是怎樣熬過那摧殘健康的戰爭歲月的呢？

邱吉爾出身名門，家境富裕，身為前英國財政大臣的父親藍道夫為兒子裝設了寬敞漂亮的遊藝室。邱吉爾從幼年開始就迷戀軍事遊戲，他擁有鉛鑄士兵一千五百個，時常將它們擺開陣勢，交鋒對壘。這很好地運動了他的全身肌肉。進入哈羅小學後，學校裡有操練和射擊課程。

對軍事的濃厚興趣和立志當軍官的理想，又使邱吉爾很自然地參加了這間小學的特別陸軍班，學會和迷上了擊劍、游泳、騎術。其中，擊劍成績最佳，曾獲校際擊劍比賽的銀牌。學習的目的，是為將來報考皇家軍事學校做準備。雖然接連兩年的報考失敗了，但經過一年預備班學習後，終於在第三次被錄取。在這兒，各種軍訓科目都是又學技能又強身健體。學習之餘，邱吉爾很喜歡打獵、打馬球。這樣，當不到20歲從皇家軍事學校畢業成為一名軍人時，邱吉爾已是一個威武壯實的男子漢了。難能可貴的是，邱吉爾畢生堅持體育運動，以後還加上了園藝、搬磚、駕車、開飛機以及旅遊等項目。當時，這些體育運動與娛樂活動於健康的益處已得到公認。

一位名人說過：「人生的第一道美餐就是睡眠。」邱吉爾的睡眠堪稱「美餐。」他的睡眠極好，一向喜歡酣睡，一進入臥室，就旁若無人，把衣服脫得一絲不掛地躺在床上。他一上床，就決不胡思亂想，而是很快酣然入睡，睡得深沉，品質特高。除了夜間睡眠，邱吉爾很重視午睡。須知，午睡在歐美被看做懶惰的表現，常規是不午睡的。可是，邱吉爾自有主見，我行我素，每天例行午睡一小時，只要有條件就堅持。

然而，在二戰最激烈的歲月裡，僅一九四〇年9月至11月間，德國轟炸機對倫敦的轟炸就持續了57夜，平均每夜有200架德機進行襲擊。政府建築、首相官邸、議會大廈和白金漢宮都多次中彈。邱吉爾奮不顧身地指揮著這場曠日持久的生死存亡戰鬥，每晚通宵不寐，只在凌晨才睡上二、三小時，睡眠嚴重不足。此時，他採用貓兒打盹睡法彌補失睡的困擾。白天，每當他乘汽車穿梭於政府各部門之間，或者乘飛機「出勤」時，他就抓緊途中間隙，在座椅上打盹或閉目養神。打盹時間雖短，卻能補回「欠覺」，為大腦「充電」，很好地使大腦得到休息。這些重視睡眠的方法，是邱吉爾畢生精力充沛，至八、九十歲高齡依然頭腦清醒、思維敏捷的原因之一。

德國法西斯對倫敦狂轟濫炸時，有人發現邱吉爾坐在地下室裡織毛衣。這是他特有的一種休息方式。有時他想午睡片刻，便要求侍衛即使天塌下來也不要打擾他。有人討教身體健康的祕訣，他笑著說：「如果有地方坐，我絕不站著；如果有地方躺著，我絕不坐著。」

當然，一個人身體健康是主觀、客觀諸多因素決定的。邱吉爾意志頑強而寬宏大度。他的政治生涯經歷了五落五起的曲折，但失敗時毫不氣餒，仍然像「一頭雄獅」那樣戰鬥，最後果真取得成功。他說過：「我想幹什麼，就一定幹成功。」他待人十分寬厚，看事物「以問題為中心」而不是「以我為中心」，能夠諒解他人的過失，包括那些曾經強烈反對過他的人。虛懷若谷的他從而擺脫了許多煩惱憂思。邱吉爾也很開朗樂觀、詼諧幽默。他被英國人稱為「快樂的首相」，不論在公開場合還是與家人在一起，說話都諧趣盎然。邱吉爾說：「在我的字典裡找不到『憂愁』這個詞。」甚至在生命垂危時，有人問他怕死嗎？他還打趣地說：「當酒吧關門的時候，我就要走了，拜拜，朋友！」

此外，邱吉爾愛好多樣，興趣廣泛，多才多藝，音樂、美術、文學、軍事、政治等無所不通。他說：「一個人要享有真正幸福與平安的人生，至少應該有兩個嗜好。」邱吉爾的頭上戴有許多流光溢彩的桂冠。他是著作等身的作家。他一生中寫出了26部共45卷（本）專著，幾乎每部著做出版後都在英國和世界上引起轟動，獲得如潮好評，被翻譯成多國文字在世界各國廣為發行，以致《星期日泰晤士報》曾斷言：「二十世紀很少有人比邱吉爾拿的稿費還多。」一九五三年，他被授予諾貝爾文學獎。上述一切就是邱吉爾健康長壽、事業成功的祕訣。

英國著名心臟遺傳學教授韓弗理斯說：「邱吉爾是典型的長壽者。他的長壽向人們提出了他是否具有使其得以生存的保護基因。」目前，科學家們正在尋找一種可以防止患心臟病的「邱吉爾基因。」

健康的身體是領導工作的基本條件，而出色的工作成績，正是以它為基礎的。有一句阿拉伯諺語說：「在地球上沒有什麼別的收穫比得上健康。」只有獲得健康，才能更好地貢獻自己的才智，實現心中宏偉的藍圖；只有擁有良好的身體素質，才能更多地為人類的共同幸福做出貢獻。有健康的人，便擁有希望，有希望的人，便擁有一切。

人，雖是萬物之靈，但也不能不老不死。然而減緩衰老，延長壽命卻是完全可能的。人們在機體功能逐漸耗竭時，可以用一個聰明的辦法，使它進行得緩慢些，這就是堅持體力勞動或體育運動。缺少體力活動是使人體機能衰弱的一個重要原因。古代希臘哲學家亞里斯多德就曾經說：「最使人衰竭，最容易損害一個人的，莫過於長期不從事體力勞動。」我們有時不可能時時參加體力勞動，但可以經常進行體育運動，以此使自己保持良好的身體素質，精力充足。

過度的工作使您精力不振，身體瘦弱嗎？為什麼不行動起來呢？只要循序漸進，長期堅持，自會還您一個健康的身體，開創一個美好的人生。

7.「做利國利民的事，乃人生第一大樂事」

如果有人要問，李嘉誠事業的最大成功是什麼？相信大多數人都會說，是一九七二年7月31日所親自艱辛締造的長江實業（集團）有限公司。再有人要問，李嘉誠一生事業中最精彩最得意的「傑作」是什麼？應該說是從一九七九年9月25日起到一九八一年

他還打趣地說：「當酒吧關門的時候，我就要走了，拜拜，朋友！」

入主香港英資老牌財團「和黃」公司，從而形成了國際化的龐大的「經濟王國。」

然而，令人絕對想不到的是，真正令李嘉誠高興和鍾情的卻並非此兩件事，熟悉李先生的人都知道，他最為高興最為滿意的是獨力捐資創建汕頭大學，他常常耿耿於懷、念念不忘和鍾情的則是汕頭大學醫學院附屬第一醫院，以及附屬二院，還有汕大精神衛生中心的腫瘤醫院。李嘉誠在汕頭大學，曾經說過一句幾乎讓所有汕大人所傳誦的名言：「我對教育和醫療的支援，將超越生命的極艱。」

李嘉誠說：「成功之後，利用多餘資金做我內心想做的善事，心安理得，方寸間自有天地。我希望上天或者有高人可以給我指引，告訴我怎樣做有助民族和人類興旺的事，讓我能夠做得比過去更有意義。不論花多少錢，多少精力，我都在所不惜。當我年紀漸長，我希望在以後的歲月減輕業務上的工作量，但是不會不工作，尤其是對於做善事。我希望多些時間放在醫療及教育上，對自己國家民族也有好處。我在過去二十多年也沒有停過。在未來亦會做，甚至比過去做得更多。做利國利民的事，乃人生第一大樂事。」

「懸壺濟世，治病醫人」歷來是道德至上者追求的目標之一，因此，從治病救人入手做善事，也是一個最容易打動世人的事情。在李嘉誠決定捐建汕大醫學院之初，曾有朋友勸告他說，辦醫學院很貴，好像一個大海洋一樣，比一般的大學可能貴10倍。在買儀器及各方面的投入都要多得多，而且醫學院一定要有附屬醫院才有用。勸李嘉誠捐建大學不一定要建醫學院，可以建一些費用相對較低的大學，可是李嘉誠仍然堅持一定要搞一個醫學院。李嘉誠之所以如此鍾情汕大醫學院，那是因為深藏他內心對往昔艱辛歲月人和事的一片深情。

往昔，在那戰亂、動盪、貧窮的年代，當小學教師的父親，謀職何其艱難，度生何其窘迫……

寒夜，在昏暗淡的煤油燈下，父親批改作業時所發出的聲聲咳嗽……以及那虛弱的面黃肌瘦的身體……

面對陋室、寒夜、孤燈和咳嗽聲聲，年少的李嘉誠捲縮在木板床的薄被裡，既倍感為教師者的貧困與辛勞，連自己的身子也不敢隨便翻轉，生怕對父親有所驚動，有所打擾……

日寇的鐵蹄踏進潮州，窮凶惡極，父親帶著一家大小，輾轉流離，食不果腹……

祖母大人由於極度驚悸，由於貧窮，由於缺醫少藥，在澄海後溝長辭人世……

父親帶著一家人跋山涉水，幾經險阻，來到香港，但已體質極度虛弱，身染沉疾……貧病交困，日寇侵港，鐵蹄肆虐，經濟蕭條，民不聊生，水深火熱，父親終於過早離開人間……

而「東亞病夫」之惡名，也曾多年繚繞於李嘉誠的耳際……

數十年的人生征途，使李嘉誠對發展文教醫療衛生事業終有所悟。他意識到，「中華民族要屹立於世界強國之林，國民體魄之健康至為重要」，「一個旅居海外的中國人，如果無國無家，再有錢也不頂用。」「中國要強盛起來，在國際上才會受到尊重，這是很重要的事情。」他看到，「人生的病痛對一個人來說，是很痛苦的事。如果科學昌明，又有了錢，患了病，就有辦法治療，健康可以恢復，生命可以挽回。」「一個人如果得了病，得不到好的治療，有時甚至會喪失勞動力，會增加家庭的負擔，增加對社會的負擔，本人艱苦，社會也艱苦」因此，李嘉誠在心之深處牢固地樹立了「竭誠為祖國的文教衛生事業的發展貢獻力量」的堅定信念。

《南方日報》、《光明日報》最早於一九八一年1月14日、1月16日發佈了關於「李嘉誠先生捐贈港幣500萬元，幫助汕頭醫專附屬醫院引進醫療設備」的新聞。一時轟動全國，引為美談佳話。

事情原來是這樣：一九八〇年春，當時的全國僑聯副主席、香港南洋商業銀行董事長莊世平先生曾到汕頭訪問。參觀了汕頭醫專附屬醫院，發現這裡的儀器很不夠，且多落後。莊老對這事很為關心，回香港後，在一次敘談中，他對李嘉誠談到了這件事。不料，李嘉誠對這件事也很關心，他對莊老說：「辦醫療的事，我很喜歡。應該讓他們的儀器設備更完善些！」莊世平說：「法國的醫療器械是很貴的！」李嘉誠說：「不怕！他們需要些什麼儀器就讓他們開個單吧，辦好醫療，保證市民健康，對政府對國家都十分重要！」「對這件事我十分樂意做。」過後，莊老通知汕頭醫專附屬醫院報清單。據悉，醫院所報購進儀器專案僅需人民幣200萬元左右。誰知李嘉誠一下子就贊助了500萬港元。莊老又促成了一樁好事。汕頭醫專及其附屬醫院靠李嘉誠的贊助，引進了110多項先進儀器設備，頓時大大提高了醫療品質，擴大了診治專案，醫護人員感到「有用武之地」，促進了積極性的發揮，醫院也舊貌展新顏了！

繼一九八〇年在潮州捐鉅資興建潮州醫院、潮安醫院後，李嘉誠又一次找莊老商量，打算集中力量辦好一所汕大的醫學院及附屬醫院，並向新華社香港分社反映了這一想法。此舉得到中央教育部的支持和廣東省政府支持。一九八三年8月29日，中央教育部派員到汕頭醫專檢查並評估工作。經國務院批准，汕頭醫學專科學校及其附屬醫院遂於一九八三年9月升格為汕大醫學院。一九八八年2月3日，國家教育委員會發出《關於上海第二醫科大學支援汕頭大學醫學院及附屬醫院的通知》，其文稱：「為加快汕頭大學醫學及其附屬醫院的建設，經各方協商後，我委確定由上海第二醫科大學承擔全面支援汕頭大學醫學院及其附屬醫院的任務。」對此，李嘉誠深表滿意。有一次，他給好友許偉先生（香港潮州商會常務會董、交際部主任，現總務部主任）打電話，高興地說：「我告訴您一件最高興的事，醫學院一附院，現在設備完善！與上海二醫大掛鉤後，醫療水準有相當提高了！」兩個好朋友都開心地笑了。

事情還得回述到一九八五年春，當汕頭大學校本部的首期建校工程已顯露眉目之後，李嘉誠已開始積極籌畫醫學院附屬第一醫院的新建工程和校本部二期工程的繼續推進。這是基於他那「一鼓作氣，通力合作，全力以赴，以底於成」的遠見卓識和強烈的事業心和天職感。「有一千多萬人口的潮汕地區，應該擁有一所一流的現代化的多功能的綜合性大醫院，應既能發揚高度的人道主義精神，救死扶傷，造福民眾；它又應是一所高品質高水準的現代化的教學醫院，在這裡培養出一流的醫學技術人才，為保證民眾健康、為發展特區經濟服務。」這就是李嘉誠的構想，是李嘉誠對「杏圃新猷」的期望和寄託，是他對建設新的附屬醫院「情有獨鍾」之所繫。

一九八五年4月6日，他在吳南生、林川、林興勝、羅列和汕大副校長，醫學院院長伍正誼教授陪同下，到醫學院看望師生員工，了解教學科研情況。李先生看望了八四級醫療專業的師生，他高興地對師生們說：「祝願你們，努力學習，成長為中國優秀的醫生！」李嘉誠在聽了工作彙報和巡視之後，對在座的人強調說：「現在的醫學院已有相當的規模，是在培養高品質的醫生了。我們有了好儀器，還要有好老師，才能充分利用好儀器，讓好儀器發揮作用。招生要重質。要創造好條件，吸引國外的優秀教授前來講學。我們的學生也可以到外國去學習幾年，再回來服務，為潮汕一帶服務。給國家做出大貢獻。」

李嘉誠興奮地說：「我們辦事業，決心很重要！我們現在的情況是條件夠、決心夠、運氣也好。我們要實實在在地幹，汕大的前途是無限的！我有機會為國家為鄉親父老做一點事，是很應該的。」

隨後，李嘉誠一行又到將要新建的教學醫院察勘地址。該院位於汕頭市新發展的東區黃金地帶。在東廈路之東，座北向南，四周都是通衢大道。李嘉誠對所選院址很滿意，不僅新建的附一醫院在汕頭市醫療事業的佈局上，將填補了發展中的東區地帶的空白，便於從四面八方來的患者尋醫求診，而且「醫院解決了朝南的問題，這個問題在香港是很難解決的」，這很「有利於患者的休養與健康的恢復。」4月7日，在龍湖賓館，專門舉行了關於新建附屬一醫院的建設技術會議。李嘉誠緊握著吳南生的手高興地說：「10年後醫院一定要出現新局面！」吳南生也堅定地說道：「10年出現新局面！」

在李嘉誠的關心、促進下，汕大醫學院新建附屬一醫院於一九八七年5月14日奠基動工。汕大校本部的第二、三期建校工程也分別緊接著進行。其中包括了汕頭大學的學校交流樓、汕大的精神衛生中心、醫科教學大樓、教工和學生宿舍樓、學校運動場（包括游泳池、田徑場、體操場、足球場、籃球場、各種訓練場和擁有二千四百個座位的看臺等）等。附屬一醫院的建築面積為3萬平方米。校本部第2、3期建校工程的建築面積為15萬平方米，共投資1.4億港元。

一九八八年1月8日，李嘉誠專程抵汕參加新建附屬一醫院的平頂儀式。他和吳南生、莊世平、黃麗松、林興勝、陳燕發、林川、楊應群一起，揮鍬鏟起混凝土平頂。是日喜炮聲聲，歡聲雷動。李嘉誠即席發表了熱情洋溢的講話，他說：「今天參加這個盛典，我感到十分高興。這個工程的速度快，品質好，這要感謝汕頭市有關方面的大力支持。要感謝香港伍振民建築師事務所、廣東省二建公司全體人員和工人的共同努力！這個醫院的建成，有利人民的身體健康，對服務社會、造福子孫將起著巨大的作用。」他強調說：「我希望大家一起努力把醫學院辦好，醫學院的工作要帶個好頭。當然，我們汕大這個大家庭一定要搞好，醫學院辦好了，是汕大的光榮！」

李嘉誠這次蒞校，對汕大的進步感到滿意。他對來自美國、加拿大的外籍教師們高興地說：「整個中國都在前進！汕大是其中的一個縮影。」

在教師座談會上，他又一次反覆地強調了這樣的思想觀點：「希望汕頭市全力支援汕大和醫院、新建附屬一院的工作！我們一定要齊心協力，把汕大，把醫學院、把附屬一院辦好！」然後李嘉誠又著重強調說：「所有建築物和贈品，都不要寫有我的名字！我個人是不求名的。」

此後不久，根據國家教育委員會的意見，汕大與上海第二醫科大學，在這一年的2月26日，在廣州簽訂了為期三年的「校際協作協議書。」協議書從教學、醫院建設、師資培養、科學研究、行政管理等方面，都規定了協作目標與具體實施辦法。要求在今後5年，上海第二醫科大學將派出一批業務骨幹和行政管理人員，到汕大醫學院參加教學、醫療並指導工作。通過兩校全方位的合作，使得汕大醫院及其附屬醫院，符合五年制本科的合格標準，並逐步接近或達到上海二醫大的辦學水準。

為了辦好汕大醫學院及附屬醫院，李嘉誠先生數次派專人到醫學院具體聯繫並指導工作。邀請香港大學醫學院院長吳文瀚教授到院協助指導工作。這一年的7月28日，李嘉誠頂著逼人的暑氣和高溫，一下飛機就前往巡視正在進行內部裝修的新建附屬一院。整座醫院總用地面積為59.4市畝。實際用地（除去四周道路）面積為48.3畝。它的工程總體設計，吸取外國先進醫院的建築經驗，既考慮到滿足醫療、教學任務的需要，也充分考慮到當代突飛猛進的醫療技術發展的要求。新建附屬一院的實際建築總面積為3.1萬平方米，日門診量設計為二千多人次，住院標準病房擁有600個床位，一期工程先建病床318個。有抗八級地震的技術設施。醫院主樓中央部位為八層建築，東西樓各為6層。分別設有門診、急診、放射科、檢驗科；理療科；內科、內科病區及教學用房；婦產科、女產科病房、產房；兒科病區；五官科及病區和教學用房；外科及病區和教學用房；中醫科、神經科及病區；手術室、特別病區等。此外，還有後勤系統的輔助建築，如供配電房、洗衣房、汙水處理、殮房、鍋爐房、焚化爐房、倉庫、食堂、廚房、製藥用房、醫護人員宿舍等。

全院擁有用房865間，其中住院部有用房312間，輔助用房163間。門診大廳設有傳呼系統。住院部各病區設有護士召喚系統。手術室採用ＵＰＳ應急直流供電。Ｘ光室裝有對講機系統。手術室還裝配有對講機系統及教學閉路的電視系統。設有提高醫院管理效率的200門多功能程式控制電話總機一台。院內有垂直運輸電梯三台，食堂提升機一台。動力設備359台，照明燈具三千四百套。埋設高壓電纜2.2公里，動力電纜7.5公里，電線500多公里。醫院裡醫療用氧氣，分設中心系統和獨立系統，分佈於病床及醫療室的供氧點360個。

李嘉誠對汕大醫學院新建附屬一院（教學醫院）寄予很大期望。基建費用及引進先進儀器設備費用投資超過一億港元。他所寄望的是：「這所醫院要能培養出一流的醫科學生。能多為潮汕人民造福！」「要服務於潮汕民眾，要充分發揮醫院的社會效益，要為潮汕人民多做好事！」「在醫院管理的科學化、民主化上要取得成績。」「要用好儀器，不要浪費！」還強調「要與上海二醫大搞好協作。要認真進行改革，培養好師資，努力提高教學、科研、醫療品質，要在較短時間內達到高規格水準，為國家培養出一批批好醫護人員，使他們都能安居樂業，讓他們愛我們的醫院，愛我們的事業，為造福潮汕人民做貢獻！」

在李嘉誠的直接關懷下，新建附屬一院（教學醫院）得以在一九八九年3月2日勝利喬遷並正式開業。當時的全國政協副主席谷牧是日參加開業志慶活動並視察了醫院。開業之日，這所醫院已擁有國外先進醫療設備130台（套），其中包括有法國的鈷60治療機、瑞典的人工腎、美國的AMSCO消毒設備等，還擁有國產先進醫療儀器789台

（套），實力雄厚。

汕大醫學院確定以腫瘤研究及防治為重點課題，特別在潮汕地區尤為攻克鼻咽癌食道癌為主要課題。李嘉誠對醫學院給予特殊的關心和照顧。在他的熱忱關懷下，醫學院也先後建立起中心實驗室，引進新式精密儀器，實行對外開放，為振興潮汕地區的經濟服務，並與南澳縣合作實行橫向科研聯合，積極開展南澳的腫瘤防治工作。健全三級防癌網，努力促進關於腫瘤的早發現、早診斷、早治療工作，並籌建了腫瘤研究室。一九八八年12月還引進了鼻咽纖維內窺鏡，這在內地來說是首次引進的檢查鼻咽疾患的先進設備，從而有效地提高了鼻咽癌的早期診斷水準。

醫學院和上海二醫大的領導，在一九八九年4月6日李嘉誠一行巡視新建一附院開診的情況時，曾對李嘉誠先生說：「我們執行合作協定，一如既往，百年好合！現在我們已有了第一流建築，第一流儀器。接下來我們要向一流管理、一流醫療、一流效益邁進。我們一定努力提高社會效益，為造福潮汕人民做貢獻！」李嘉誠對籌建一附院的建設、儀器、服務工作表示滿意，他關於「杏圃新猷」的宏願和功業已初步付之實現。他高興地對大家說：「我所看到的情況，出乎我的意料之外的好！給了我好大的鼓舞和信心。對辛勤工作的同事們，我表示深深的尊敬和感謝！對汕大和醫學院的事情，我會盡心盡力去做。只要我能做到的，一定是百分之百地去做。」「現在的問題是如何改進領導，更進一步，使汕大和醫學院在短時間內達到一個新水準！」

李嘉誠對醫學院以及附屬一院領導的工作是滿意的。他多次鼓勵原院長宗永生教授說：「讓我們共同來對付人類的共同敵人（癌症），並做出貢獻！」他滿意地肯定了醫學院院長沈忠英教授的工作態度「很認真、很投入、很執著。」他曾親切地對醫學院陳炳燮副院長、附屬一院院長唐慧明說：「今後您們遇到什麼困難，可隨時告訴我！」

汕大醫學院新建附屬一醫院的規模和設備不僅是在粵東地區所罕見，在廣東省、在全國也屬罕見。這所醫院在發揚人道主義精神、救死扶傷、保證人民健康等方面做出了許多貢獻，也造就了一批好醫護工作者，培養了一批批好醫生。儘管它的命名是「汕大醫學附屬第一醫院」，但人民群眾卻習慣地把它叫做「李嘉誠醫院。」這是不經「批准」的稱呼，是人民群眾自己的意志、理念和意願做出的命名。

現在，大凡老伯、老姆、阿姐、小孩、計程車司機、三輪車工友、路邊報紙廣告，誰都不把它叫做「附一」院，而「李嘉誠醫院」已經有口皆碑，約定俗成了。這是千千萬萬老百姓的「認同」！

第2章

要改變才能創新

身處在瞬息萬變的社會中，
應該求知，求創新，加強能力，
力求在穩健基礎下發展，居安思危，
無論你發展得多好，時刻都要做好準備。

——李嘉誠如是說

「對於任何大機構來說，創新力是十分重要的，但不要忘記要實際可行。」創新並不需要天才，創新只在於找出新的改進方法。任何事業成功的原因，在於能夠找出把事情做得更好的辦法。創新具有獨創性、靈活機動性、風險性。培養創造性思維的關鍵在於要相信自己能把事情做成。只有堅持這種信念，才能使你的大腦運轉靈活，去尋求做好這種事情的方法。創新遵循傳統，但不拘泥於傳統。它善於打破舊的條條框框，再造新鮮血液。它能在不可能的地方和時候發現可能。一向以求實務實著稱的李嘉誠，並沒有忽略創新的重要，而是將創新能力提到了一定的高度。

1．保持思維的靈活和高效

創新思維是事業成功的前提，是挖掘機會的根本，是前進途中的一個個驅動器。傳統的思想觀念是創新的頭號勁敵。它會讓你的心靈枯竭，失去動力，它會阻礙你取得進步，干擾你進一步的發展。

每個思維正常的人都具有創新的能力和權利，關鍵是看你願不願啟動它、開發它。

成功者之所以成功的主要動力之一，就是始終使自己的思維處於活躍狀態，不斷琢磨新

對於任何大機構來說，創新力是十分重要的，但不要忘記要實際可行。

點子，同時敏感地探測一切可以利用的外來新思維。

嘗試新事物需要勇氣。傑出的人一般喜歡試探各種未知事物的根底，他們知道，最有生命力、最壯觀的機會往往就潛藏在這些未知中。而庸人則把失敗後的痛苦作為惟一的考慮和不敢嘗試新思維的擋箭牌。

牛仔褲的誕生就是這種創新思維的結果。他的創始人李維・施特勞斯在一位淘金工人的奇特思維上借題發揮，不斷融入他自己和其他人的新見解，終於成就了自己的牛仔服裝王國。

李維・施特勞斯，牛仔褲的發明者。十九世紀20年代出生在美國東部，歐洲移民的後代。21歲時隨著一八五〇年後興起的美國西部淘金大軍到了三藩市。當他的淘金夢被眼前遍地都是淘金者的景象擊碎時，他把眼光投向了那些淘金者的身上，開始做起了小生意。一天，一名淘金工人的一句話，使他發現了屬於自己的寶藏。當時他設計製作的以淘金工人為對象的工裝褲，後來成為全球時尚愛好者青睞的牛仔褲。

小商店開業以後，李維・施特勞斯整日忙著進貨和銷貨，十分辛苦，但這個小商店的利潤卻十分豐厚。當時由於淘金者很多，用來搭帳篷和馬車篷的帆布也很暢銷，李維・施特勞斯於是便乘船去購置了一大批帆布來到了淘金工地。可是沒想到採購的貨物剛一下船，小百貨品就已被搶購一空，可是帆布卻無人問津。

那天，一位淘金工人問他，「你為什麼不帶些褲子來？」

「褲子？為什麼要帶褲子來？」李維・施特勞斯大感驚奇。

「不經穿的褲子對挖礦的人來說是一錢不值的，」這位淘金工人繼續嘮叨道，「現在礦工們所穿的褲子都是棉布做的，不耐穿，很快就會被磨破。」他忽然建議道，「如果用這些帆布來做成褲子，既結實又耐磨，說不定會大受歡迎。」

淘金工人走後，李維・施特勞斯好好地考慮了這位工人的話，覺得很有道理，如果把這些帆布都加工成褲子的話，這些帆布不就可以全部賣出去了嗎？李維・施特勞斯抱著試試看的念頭，找回這位淘金工人，把他帶到了裁縫店，用帆布為他免費做了一條褲子。沒過多久，褲子做好了，這位淘金工人穿上結實的帆布工裝褲很是興奮，逢人就講「李維氏褲子」，顯然這條褲子比別的褲子結實多了，又經這位淘金者一宣傳，這條褲子便變得神奇無比了。於是人們便紛紛前來詢問，李維・施特勞斯當機立斷，把剩餘的帆布全部加工成了工裝褲，結果很快被搶購一空。

這次成功以後，使得李維・施特勞斯萌發了專為礦工生產這種「李維氏工裝褲」的念頭，於是他放棄了小百貨店，用微薄的資金開辦了「李維・施特勞斯公司」，以淘金工人為對象，開始大批量地生產和銷售這種既結實又耐磨的工裝褲，銷售量非常可觀。經過仔細的觀察，李維・施特勞斯認為，帆布雖然結實耐磨，但它不柔軟，穿在身上不是那麼舒服；在樣式上，工裝褲比較單調而且肥胖不得體。李維・施特勞斯以商人特有的敏感，開始改進工裝褲的面料和樣式。

李維・施特勞斯通過歐洲的親戚了解到，一個法國人發明了一種叫做尼姆靛藍斜紋棉嗶嘰的藍白相間的斜紋粗棉布，在歐洲很受歡迎。聽到這個消息的李維・施特勞斯如獲至寶，他毫不猶豫地從法國進口這種布料作為工裝褲的專用面料。

經過大膽想像，李維・施特勞斯決定對這些工裝褲做一次樣式上的改觀，結果這種新式面料生產出來的褲子，不但結實耐磨柔軟緊身，而且樣式也顯得漂亮多了，再次受到淘金工人的歡迎。這種工裝褲一時間在西部的淘金工人、農機工人以及牛仔中間廣為流傳。人們也把這種褲子改了叫法，叫做JEANS，這一度成為工裝褲的代名詞，這種叫法為工裝褲的進一步流行起到了宣傳作用；加上靛藍色是在歐洲原始時代和宗教信仰有著密切關係的顏色，所以這種顏色對牛仔褲流行歐洲起了潛在的幫助作用。

李維・施特勞斯還緊密結合淘金工人的勞動特點不斷地對工裝褲進行改進。淘金工人在勞動過程中，經常把認為含有金子的礦石樣品放進褲袋，用線縫製的褲袋因磨損嚴重經常斷線裂開。有一次，一位名叫大衛斯的裁縫發現淘金工人埃克的褲兜被礦石撐破，便使用黃銅鉚釘對褲兜進行了加固。這裡的黃銅，實際上是銅和鋅的合金材料，堅固結實，釘在褲兜上方兩角上，不僅牢固，同時還起著修飾作用，這樣一來工裝褲顯得更美觀大方。為了保證褲兜不會從中間斷線，大衛斯還採用對褲兜四周進行皮革鑲邊的辦法對褲兜進一步加固，效果十分明顯。李維・施特勞斯十分重視大衛斯的這項發明，他找到大衛斯，請他為所有的工裝褲均加上黃銅鉚釘。

一八七三年，李維・施特勞斯和大衛斯達成合作協定，並對他們釘有鉚釘的李維氏靛藍工裝褲申請了專利。經過改進，李維・施特勞斯所發明的工裝褲逐漸具有了今天牛仔褲所特有的樣式。

李維・施特勞斯的工裝褲的樣式越來越漂亮，公司越辦越紅火。當淘金工人進城休假時，他們身上的這種工裝褲引起了市民的注意，一時間工裝褲不僅受到淘金工人的歡迎，同時還受到了美國社會普通大眾的鍾愛。牛仔、大學生、城市青年紛紛購買李維氏工裝褲，漸漸地，這種服裝在美國成為一種時髦服裝。

二戰以後，美國社會各種運動風起雲湧，婦女解放運動、學生運動、嬉皮士風潮、反越戰運動此起彼伏，在各項運動中，多次出現員警與青年學生、員警與普通民眾的衝突，在對峙中，李維氏工裝褲的方便、靈活性被充分地展現出來。李維氏工裝褲就這樣逐漸成為年輕化、大眾化和充滿青春魅力的象徵，社會各界不分身分和地位開始接受李維氏工裝褲。

二十世紀30年代，美國西部電影廣受歡迎，李維公司乘機把工裝褲穿到好萊塢的電影明星身上，而這些好萊塢電影明星在電影中多扮演英俊瀟灑、行俠仗義的西部牛仔形象，於是，李維氏工裝褲的名稱逐漸被稱為「牛仔褲」。通過電影明星的效應，美國東部地區也開始把擁有一條牛仔褲當做一種時尚；在駁斥上流人物對牛仔褲的指責時，李維公司充分利用報紙、廣播等大眾傳播媒介為牛仔褲正名。他們一方面宣傳牛仔褲的結實耐穿，美觀舒適，是「最佳打扮」；另一方面則結合美國的各項社會運動，把牛仔褲說成是民主、自由的象徵，甚至把牛仔褲包裝成為一種「牛仔褲文化」。在強大的宣傳攻勢下，牛仔褲很快從美國的西部流行到南部，到二十世紀60年代，牛仔褲不僅紅遍了美國，還逐步走向了世界。

李維牛仔褲的成功說明，對於一個想成功的人來說，開拓自己的創新思維是至關重要的事情。若想發展自己的創新思維，誠懇接受各種創意是保持創新之樹常青的上策。徹底丟掉「不可能」、「辦不到」、「沒有用」等思想，也不要自認為精明幹練，要盡可能汲取所有良好的創意。

敢於嘗試新的創意。廢除舊的例行事物，去嘗試新的書籍、新的朋友及新的戲院，或是走條不同以往的上班路線等等。

如果你從事的是銷售工作，那麼試著培養一下你對生產、會計等方面的興趣。這樣你的能力會大有擴展，好為你以後所能擔當的重大責任做好準備。

創新是一件具有開拓意義的舉措，因此應該主動前進，而不是被動後退。要明白進步本身就是一種收穫。要迎合消費者的喜好。把握投資良機。想辦法增加外快。要成大事，就要養成用多種思維方式來思考問題的習慣，也就是學會在思考中不斷創新。

2．在實踐中發揮你的創造力

如果說想像力是一個人的大腦的一種超現實的思維能力的話，那麼創造力則是他將這種想像力轉化為現實的行動能力。創造就是兩者緊密結合的過程。

創造力，是那些不怕別人批評的人發揮出來的力量，它肩負著造就今日文明的使命，它帶給我們能使我們享受現在生活水準的進步思想、科學和機械，它激發人們開拓

如果說想像力是一個人的大腦的一種超現實的思維能力的話，那麼創造力則是他將這種想像力轉化為現實的行動能力。

各個領域的新觀念，並對這些新觀念加以實驗，它總是展望更美好的行為方式。

創造力屬於那些具有要求自己更進一步習慣的人，因為創造力不受朝九晚五的工作時間限制，同時也和金錢報酬無關，它的目標在於：做到不可能做到的事情。

創造力把潛意識作為它的基地，它是一種媒介。經由此媒介你會認識一些新的概念和最近學到的事實。你將明確目標印在潛意識上的所有努力，都會刺激你的創造力。

創造力不僅只是對有形的物質才有興趣，它也是致力於更好未來的一種表現。綜合性想像力來自經驗和理性，而創造性想像力則是來自你對於明確目標的奉獻。創造力對創造性想像力的依賴很深，但它卻超越了創造性想像力。

想像力承認有限制、阻礙和反對的存在，然而創造力卻能凌駕在這些負面因素之上，就好像它們不存在一樣，這是因為創造力是以無窮智慧為基礎的。

創造力所創造的是解決問題的方法，不是解決不了問題的藉口。創造力是今日世界不可少的能力。二十一世紀比二十世紀有更多事情需要我們表現出創造力。在這些需求之中隱藏著挑戰和機會——都需要創造力表現的機會。

在你運用你的創造力之前應該先問自己一些重要的問題：你想達到什麼樣的目標？你願意多付出一點點嗎？你是個整天看著時鐘希望一天趕快過去的人嗎？你在尋找使自

己成為別人不可缺少的人嗎？

人類的一個共同傾向就是會嫉妒他人的成就，只看到別人的成功卻不了解他們為成功所付出的代價。我們經常會懷疑別人的成功都是靠關係、運氣或不誠實的行為得到的。但是，創造力會使你清楚地了解為了成功所付出的代價，因為你已親身嘗過它的滋味了。你將了解和他人分享你的福氣、經驗以及機會的好處；你會了解成功事實上受到能否和他人分享的影響。

如果你覺得你需要創造力時，你可以用更強的獨立精神來培養創造力，為你自己訂定明確目標，使你的思想一直環繞著這個目標，容不下半點恐懼和懷疑。

如果你不利用你的進取心做一番努力，你的一生中不會獲得任何東西的，而創造力是使你得以發揮你個人進取心的動力。

雅凱，法國發明家，提花機的發明者。他很小的時候就開始當學徒。他對機械發明的天賦和對紡織機的發明的渴望與執著，給他帶來了窮困和災難，也帶來了歡樂和榮耀。他因發明提花機不得不賣掉了家裡的一切而到處漂泊尋找糊口的工作，得到拿破崙皇帝的接見和獎賞，受到故鄉紡織工人殘暴的捆綁和遊街，得到政府頒發的獎章、動章。在他去世後，人們樹立了他的塑像來紀念他的貢獻。

雅凱的父母有一個紡織作坊，父親是一名紡織工，母親是花樣校對工，收入微薄，根本無法供雅凱上學。當他到了該學習經商的年紀時，他父親讓他給一個書籍裝訂工當助手。老闆的一個老會計教給雅凱一點簡單的數學知識。但他在機械設計方面表現出的天賦讓那位老會計很驚訝，於是建議雅凱的父親讓兒子改行，別在書籍裝訂上浪費孩子的才能，讓孩子能更好發揮自己的聰明才智。於是，父親把他送到一個刀具匠當學徒。但是，由於刀具匠對待雅凱很粗暴，不久他辭去了這份活兒而給一個刻字工當幫手。

父母雙亡後，雅凱繼承了父親的兩台織布機。他立刻著手改造原來的織機。他廢寢忘食於設計和製造，以至於忘了生意，不久就債臺高築而不得不賣掉家裡織機以償還債務。這時他又結了婚，負擔更重了。最後他不得不變賣棲身的小屋，千方百計找工作以養家糊口。儘管如此，他一刻也沒有停止改進紡織機的試驗。他的妻子一直都待在里昂，靠給人編織草帽來維持著朝不保夕的生活。

就是在這樣的情況下，他於一七九〇年設計出了一種能挑揀經線紗的提花機，這種機器能生產出更好的花色圖案和品質的紡織品來，同時能極大地節省人工分揀經線紗的勞動。在它引入實際生產十年後，僅里昂就大約有四千台這樣的機器在運轉。

一七八九年爆發的法國大革命中斷了雅凱進一步改造紡織機的事業。一七九二年，雅凱先後在兩支軍隊當過兵並升到了中士。由於目睹兒子戰死在自己的身邊，他憤而辭職回到里昂，在一幢閣樓上找到了依然從事過去那種做草帽生意的妻子。在和妻子過了一段隱居生活後，強烈的創造欲望使他又繼續他的發明活動。在一個開明、熱情的製造商大力的經濟支助下，雅凱在三個月的時間裡，就發明出了一種紡織機，以取代工人們那繁重而令人筋疲力竭的勞動。該紡織機於一八〇一年在巴黎舉行的民族工業博覽會上展出，獲得了銅質獎章。在後來的幾年裡，因發明製造漁網和輪船甲板上的防護網的機器，倫敦的藝術學會授予雅凱獎章。

後來，雅凱又有了一個發明設想，他那位曾資助過他的製造商朋友再次給他提供了發明活動所必需的條件和手段，三個星期後，他完成了他的發明。當地一位行政長官聽說了雅凱的發明後召見了他，並請他解釋了機器工作原理，隨後將這一情況呈報給了拿破崙皇帝。欣賞發明家的才幹的平易近人的皇帝召見了雅凱，這次會見持續了兩小時。雅凱向皇帝解釋了他的計畫和對印花機所要做的改進措施。這次會見後，巴黎的紡織機社工藝學院為雅凱提供了一套公寓，作為他在巴黎期間的工作場所，並為他的生活提供了豐厚的津貼費用。

在工藝學院安頓下來後，開始了全職的發明工作。工藝學院收藏有豐富的資料和機械發明作品。雅凱從一台由著名的自動機發明者沃坎生設計、能織出花紋絲綢的機器模型找到了進一步改進紡織機所需要的工作原理。借助於自己的創造性思維，雅凱迅速著手自己的計畫。不到一個月，他就完成了紡織機的改進發明。雅凱用他的新機器織了幾尺色彩豔麗的布料，並呈獻給了當時的約瑟芬皇后。拿破崙皇帝對雅凱的勞動成果大加讚賞，下令由國內最好的工人來生產組裝一批這種織機並送給雅凱；之後，雅凱回到了里昂。

在家鄉里昂，他經歷了眾多發明家曾經經歷過的變幻無常的命運。他被鄉親們視為一個敵人，他遭受的待遇就像凱伊、哈格里菲斯和阿克萊特曾經在英國蘭開郡所遭受的待遇一樣。工人們把雅凱的新機器視為是對他們的生意構成致命威脅的東西，特別害怕這種機器會馬上搶走他們的飯碗。在德爾霍，一幫群情激憤的集會者決定搗毀雅凱發明的新機器。這次暴亂行為被武裝軍警預先阻止了。但雅凱遭到騷亂者們的切齒痛恨，他們把雅凱的模擬像處以絞刑。勞資調解委員會試圖平息憤怒者的情緒，反而遭到工人們的痛斥。最後，迫於大眾的無法遏制的壓力，某些勞資調解員（其中大都是工人出身且同情工人階級）只好把雅凱的一台機器從工廠弄出來並在公眾面前當場砸毀。此舉更加劇了憤怒者的情緒，騷亂分子把雅凱從家裡拖出來，五花大綁地押著他往河邊碼頭一帶遊街示眾。一個狂想的暴民打算把雅凱扔到河裡，但這一陰謀沒有得逞，雅凱終於倖免一死。

此後，一些英國絲調製造業主邀請雅凱到英國投資建廠。但是，有強烈愛國主義情懷的雅凱拒絕了英國製造業主的盛情邀請，只將發明專利賣給了英國製造業主。這時，也只有到了這時——面臨被淘汰的嚴重威脅時，里昂的絲綢紡織業主才不得不積極地採用雅凱發明的機器；不久，雅凱發明的這種機器幾乎進入了所有紡織業領域中。發展的事實證明，雅凱的紡織機非但沒有造成失業，反而擴大了至少十倍的就業機會。據利昂・富歇先生的統計，一八三三年，僅在里昂一帶的花色紡織品行業中，就有多達6萬名的工人在這個領域就業；這個數字比過去上漲了好幾倍。

雅凱的餘生是在平穩祥和中度過的。那些曾經對雅凱施暴的人們想請他沿著原來的老路重新走一遍，這次是用鮮花和掌聲來慶賀雅凱的誕辰，祝他高壽。但是，謙虛的他婉言拒絕了這次活動。在里昂市政委員會建議下雅凱繼續致力於改進他的機器，並要求只領取中等水準的養老金。在完成了自己的發明之後，他退休回到他父親的祖籍地烏林斯度過了晚年。一八二〇年，他獲得了騎士勳章，一八三四年，雅凱在烏林斯逝世並安

創造性並不滿足人類已經擁有的知識經驗，它努力探索著客觀世界中尚未被認知的事物的規律，從而為人類的實踐活動開闢新領域，打開新局面。

息在自己的故鄉。紀念雅凱的塑像樹立起來了，然而雅凱的親屬依舊窮困潦倒，家徒四壁。雅凱逝世20年後，他的兩個侄女為了弄到幾百法郎，她們不惜把國王路易十八授予她們叔父的一枚金質獎章拍賣掉。「這種情形，」一位法國作家說道，「就是里昂的製造界對那給它們帶來輝煌榮耀的命運的人的報答。」

3．獨闢蹊徑是捷徑

人們為了取得對未知事物的認識，總要設法探索前人沒有過的思維方式，尋找前無古人的辦法去剖析新事物，並且獲得新的認識和方法，從而提高人的認識能力。

現實生活中，運用創新思維，提出一些新的觀點，逐漸形成種種新的理論，隨後做出一次次新發明。這些實踐不斷豐富著人類的知識總量，讓人類去認識更多的新事物，為實現人類「幸福樂園」的夢想創造條件。

創造性並不滿足人類已經擁有的知識經驗，它努力探索著客觀世界中尚未被認知的事物的規律，從而為人類的實踐活動開闢新領域，打開新局面。一旦沒有創新性思維，沒有探索精神，人類的實踐就只能原地踏步，人類社會也不會再發展和前進，甚至會出現倒退的局面。

創造性的思維正是人的長處。人若要有所作為，只有通過創造才能發揮出自己的聰明才智，才能體會出真正意義和價值。創新思維在實踐中的成功應用，不但能給人類帶來無法估量的幸福，並鼓舞著人類用更多的熱情去進行創造，實現更多的人生價值。

在創新面前，有人往往望而卻步，認為它只是極少數人才能辦到的。其實並不是這樣，創新有大小之分，並且內容更可以豐富多彩，不受限制，創新活動並不是只有科學家才能從事的，它已經普及到尋常百姓的生活中去了。目前有很多人都在進行創新活動，不管是生活中、事業上，隨處可見創新思維迸發的火花。人們的理想和目標日新月異，在為這些新事物奮鬥的過程中，就需要有創新的思想。創新無止境，人類的幸福也沒有終點，其實人類的幸福就是一個不斷創新的過程。

創新是一種力量，是幸福的源泉。英國著名哲學家羅素則把「創新」認為是「快樂的生活」，前蘇聯教育家蘇霍姆林斯基也認為：創新是生活中最大的樂趣，幸福是在創新中誕生的。他在《給兒子的信中》曾提道：「生活的樂趣是什麼？我認為，它是寓於與藝術相似的創造性勞動之中，寓於高超的技藝之中的。倘若這個人熱愛自己的事業，那麼他肯定會從他的事業中得到很多美好的事物，而生活偉大也就寓意於此。」種種論

創新無止境，人類的幸福也沒有終點，其實人類的幸福就是一個不斷創新的過程。

點都揭示了創新與幸福的內在聯繫，說明了創新是生活幸福的原動力。

為什麼這麼說呢？我們每個人都知道幸福是產生在物質生產和精神生產的實踐中，由於感受到所追求的目標的實現而得到精神滿足。但是怎樣才能實現這樣的滿足呢？要靠勞動、靠創造。而人們的需要是持續發展和提高的。低層次的需要滿足了，還有高層次的需要。要滿足人們不斷提高的需要，實現人們的幸福追求，必須創新。社會的進步也要靠不斷的創新來實現。

世界上因創新而成功的人不計其數。商海茫茫，只有那些獨具創意有開拓精神的水手才能抵達利益的彼岸。經營需要創新，管理更需要創新。

由此可知，創意的好壞，關係著一個公司的命運和前途。要想讓自己的創意擁有旺盛的生命力，就要從出乎意料的角度出發，才有可能走出局限，暢遊無限的廣闊空間。

井植熏，三洋電機株式會社總裁，日本三洋電機公司的創始人，一九一一年2月9日生於日本淡路島一個撐船運貨的船夫家庭。到二十世紀80年代末，三洋在世界各地已經擁有一百多家從事製造或銷售的子公司及孫公司。三洋電機海外企業的直接生產銷售總額為五千億日元，雄踞全日本榜首。整個三洋集團的年銷售額也高達110億美元以上。三洋電機株式會社終於成為名副其實的橫跨三大洋的跨國集團公司。

一九五〇年春節，井植熏到大哥井植歲男家拜年。井植熏告訴大哥說：「我想造收音機。」接著，他將早已醞釀的計畫和盤托出。結果，弟兄倆一拍即合，決定合夥幹。一九五〇年4月，資金為二千萬日元的三洋電機公司宣告成立。井植熏嶄新的「三洋生涯」開始了。

一九一一年2月9日，日本著名的跨國集團三洋電機公司的創始人井植熏出生於日本淡路島一個撐船運貨的船夫家庭。未滿4歲，父親就因病逝世。母親帶著8個兒女飽受生活的煎熬。一九二五年夏天，井植熏14歲高小畢業的第二天，就離開家鄉來到大阪，進入姐夫松下幸之助的「松下電器製作所」當學徒。

井植熏在松下公司兢兢業業，埋頭苦幹，從學徒到三等職員，從分廠廠長到公司常務董事兼製造部長，成了松下公司內不可或缺的人物。但是，雄心勃勃的他遏制不住埋在內心多年的欲望，一心想追求屬於他自己的事業。一九四九年底，他向「大老闆」松下幸之助提出了辭呈。這對姐夫松下來說，是一個打擊。

當時，收音機已有普及的趨勢，市場潛力巨大。但由於政府對收音機徵收30%的高稅，售價偏高，老百姓寧願自己買零件裝配，也不買成品，反而形成收音機銷售數量下降。井植熏認為，只要在如何降低成本上做文章，生產出品質上乘而又價格低廉的收音機來，肯定會打開市場。

當時，一台五燈收音機的零售價在1萬日元以上。作為同行業小弟弟的三洋電機，要戰勝老牌廠商，就必須把價格降到1萬元以下。井植薰制定了一個雄心勃勃的計畫，年產量為7.8萬台。而當時日本生產收音機的頭號廠商松下公司，家庭型收音機的年產量也不到五千台，一般廠家更在三千台以下。如果這個大批量生產的計畫能夠變成現實，那麼生產成本就能大幅度降低，價格便具有競爭力。

井植熏認識到，真空管是收音機的心臟，它的價格要占收音機出廠價的8%左右。如能爭取到真空管專業廠家的理想價格，收音機成本下降也就有了保證。他找了幾家廠商，結果都沒談成。他決定改變談判策略，採取迂迴作戰的技巧。

井植熏直接找到新日本電氣公司的總裁片岡，對他說：「我們三洋公司打算生產收音機，問題是真空管的價格，你能否按我收音機的出廠價的10%賣給我？」片岡很是疑惑，問井植熏：「那麼你的收音機打算賣多少錢呢？井植熏笑著說：「這是企業祕密，我將在收音機首批銷售前一天晚上告訴你。」

「什麼？」片岡被弄糊塗了，「這樣的生意我可從未做過。」但他畢竟是個商人，熟悉收音機製造流程，也知道真空管的售價一般是整機的8%，而井植熏出的是10%。

他盤算後，說：「按出廠價10%定價這個條件我接受，只是你不能把收音機價格定得太低。」於是，真空管價格的談判圓滿地得到了解決。

還有一個難題是外殼設計。當時的收音機，都是採用木製外殼。由於製作複雜，大部分為手工操作，一年內要生產出7.8萬個木殼，難度極大，且成本也很高。這時恰逢塑膠工業在日本突然間崛起，井植熏靈機一動，用塑膠做外殼，不是又漂亮又便宜嗎？他急忙找到積水化學公司商量，經過多次試製，第一台用塑膠外殼裝配的收音機終於製造出來了。

一九五二年3月，三洋公司生產的SS—52型收音機上市了。它的市場零售價為八千九百五十元，大大低於日本國內同類型收音機的價格，而且塑膠外殼非常新潮。這種「價廉物美」的收音機很快就贏得顧客的青睞，三洋電機由此也聲名遠播，全國的老百姓都知道了井植熏的大名。三洋新型收音機的銷售直線上升，當年就達77萬台，第二年又猛增一倍，市場佔有率僅次於松下公司。

在收音機上一炮打響後，三洋公司並未就此止步。一九五二年三洋公司開發研製出了自己的第一台桶狀攪拌式洗衣機。就在將要投入批量生產時，井植熏聽到一個資訊，英國胡佛公司製造出了一種新型的滾輪噴流式洗衣機。這種洗衣機對衣服磨損小，且去汗力強。這無疑是洗衣機的新飛躍。於是井植熏斷然決定，集中全力轉向研製噴流式洗衣機。

一九五三年8月26日，三洋公司研製出了日本第一台噴流式洗衣機。這種被命名為SW－53型的新型洗衣機具有占地面積小、洗滌時間短、省電、省水等明顯的優點，而且售價只有攪拌式洗衣機售價的一半。它在市場上剛一出現，就引起了轟動，搶購如潮。三洋公司又一次令世人驚歎不已。到一九五四年4月，SW－53型洗衣機月產量已超過1萬台。人們把三洋洗衣機面世且暢銷的一九五三年稱為「電氣化元年。」從此，每年的8月26日這天，三洋公司都要像過節一樣，來慶祝公司的「電氣化之日。」

一九五五年，三洋公司的14英寸電視機問世，以不到10萬日元的價格出售，售價下降將近一半，以物美價廉大受顧客的歡迎，很快便佔領了市場。

二十世紀50年代中期，一股仿效美國式文化生活的浪潮席捲日本，家庭生活追求豐富多彩、便利充足。電視機、洗衣機和電冰箱被稱之為「三大神器。」因此，井植熏如果要成為數一數二的家電製造商，還必須把目標瞄準到電冰箱上。

為使電冰箱生產技術有所突破，井植熏把大批冶金、電子化學和物理專家及技術人員請進來共同研製。經過一年多的努力，三洋公司富有獨創性的電冰箱終於誕生。

一九六一年夏天，日本掀起了一股空調機熱。井植熏及時推出了獨創的分體式空調。在這之前，日本的空調都是窗式的，噪音大而且安裝十分麻煩。三洋分體式空調把設備分為兩部分。將壓縮機部分安裝在室外，空調機運轉時室內顯得很安靜，而且安裝方便。這種空調機上市時，雖然價格比窗式空調高出將近一倍，但顧客經過比較，大都選擇了分體式空調。分體式空調佔據了80％的空調機市場。

三洋公司乘勝前進，又推出了冷暖兩用空調，一改以往空調只有製冷功能的觀念，使空調機幾乎成了一年四季都能使用的生活必需品。

三洋公司名稱的原意是要發展成為一家面向三大洋（太平洋、大西洋、印度洋）的國際性公司。創始人井植熏及其大哥井植歲男當年的這個夢想，現在終於變成了現實。

一九五九年，三洋出口的半導體收音機已超過日本所有的老牌企業，獨佔鰲頭。三洋產品在美國市場成了最受歡迎的產品。到80代末，三洋在世界各地已經擁有一百多家從事製造或銷售的子公司及孫公司。三洋電機海外企業的直接生產銷售總額為五千億日元，雄踞全日本榜首。整個三洋集團的年銷售額也高達110億美元以上。三洋電機株式會社終於成為名副其實的橫跨三大洋的跨國集團公司。

李嘉誠認為，一個企業要想獲得大的發展，就必須要主動適應環境的變化，並能夠根據變化的環境，及時調整自己的經營決策。

4．主動適應環境的變化

李嘉誠認為，一個企業要想獲得大的發展，就必須要主動適應環境的變化，並能夠根據變化的環境，及時調整自己的經營決策。他說：「倘若下一秒鐘有什麼變化的話，我想我是能勇於應付的，因為我時刻都做好了迎接下一秒鐘風暴來臨的準備。」

一個企業若要進行改革，首先應該做的就是對外界的發展趨勢有所了解，並有正確的認識。就這點來講，一個負責長期計畫的人員將有助於管理人員了解環境，提供進行變革所需要了解的信息。但只要時刻對本行業中的經濟形勢保持警覺，那麼對於所有人，經營中的大多數變化都是很明顯的。

那麼，為何身在高位的人對此視而不見呢？其實原因很簡單，這些人只是被平常的方法遮住了眼睛，但當發生某種情況令他們感到震動時，他們才會突然醒悟。因此，對環境的變化時刻保持警覺，主動進行變革，這是企業成功的法寶。

一個優秀的組織者需要不斷補充新鮮的血液。單純依靠內部自身的迴圈，很容易令企業停滯不前，毫無生氣。當然，我們在這裡並不提倡這種觀點——讓大多數重要管理職位都由外人來擔任。這樣做也會影響到下層管理人員的士氣。但若採取一種折中的辦法，結果就會相反，即一方面從機構選拔優秀人才擔任公司的領導；另一方面從外部吸引一部分有才能的人加入組織，竭盡所能地發揮其特殊的能力和經驗。所以說，只有這種辦法才是比較切合實際的。中內功的例子更加充分地說明了創新的重要性。

中內功，日本零售業鉅子。一九二二年8月2日出生於大阪。一九四一年畢業於神戶高等商業學校。他的父親中內秀雄是大阪的一名藥劑師，曾開辦過藥房。中內功從小耳濡目染，商業學校畢業以後便在神戶三宮開了一家藥店——「友愛藥局」，之後又開辦「薩卡埃」藥品公司。具有開拓精神的中內功，又於一九五七年開辦了「大榮藥品工業公司」，同年9月，不甘寂寞的他又在大阪開設了「主婦之店——大榮」，這就是馳名世界的大榮公司的雛形。

在日本零售業界，中內功是勇敢的開拓者，他在經營中一反傳統的經營慣例，採取「薄利多銷，資金快速周轉，自助服務，精簡人員的方針」，並且定了「1・7・3」原則，即商店的毛利率為10％，經費率為7％，純利率為3％。3％的純利率是相當低的，但由於商品售價低廉，購者甚眾，因而使大榮獲得很大的發展。

中內功為貫徹和實踐「1・7・3」原則，反覆摸索低價進貨、廉價銷售的管道，堅持靠物美價廉建立自己零售商店的美譽度、知名度，在商品廉價買進、低價賣出的差價中獲利。所以，中內功在採購方面狠下工夫。這樣一來不僅要熟悉市場，而且還得對顧客和市場進行科學的分析和評估，蒐集和整理市場訊息，及時做出準確決策，有組織、有計劃地調配商品。他的這種經營方式被稱為「銷售是從採購開始。」大榮實行的是「現金、實價、小報虛價」的公平交易，保證商品優質，貫徹「顧客拿不中意的商品來退貨的話，一律退款」的經營原則，因此，採購是尤其重要的一環。首先要保證商品貨色，其次進價必須足夠低廉。

除積極摸索低價進貨的經驗之外，中內功還大膽向落後的流通系統挑戰，「能夠理想地採購到商品，就相當於一半已經賣出去了」，中內功言行一致地做到了這一點。他採取縮短流通服務的方法，達到低價進貨、廉價銷售的目的。批發商在當時日本的流通管道中長期處於支配地位，這種落後的舊有管道有一個明顯的缺點：商品往往要經過三四次甚至更多次批發才能進入零售業商店標上價碼出售，最終到達消費者手中。且不說商品周轉慢，商品價格之高也是可想而知的。

大榮則越過層層批發商，直接與廠商聯繫，直接從廠家批進貨物，變「狹長間接」的管道為「短粗直接」的管道。中內功在經營大榮的鼎盛時期，就已同日本五千多家工廠建立了直接的進貨關係，現金採購，從而降低了二成左右的成本。大榮高效能的採購網不僅在日本各地大量採購和訂製商品，而且把觸角伸進世界各地，搞直接進口。美國、德國、英國、菲律賓、紐西蘭、新加坡和中國都有大榮的工作人員在組織商品進口工作。

大榮的另一個顯著特點是自助服務、精簡人員。大榮逐漸發展成為無人售貨的自選市場，這是降低商品成本的一項成功嘗試。二十世紀60年代的日本，零售商、批發商和製造廠普遍排斥自選市場，而認為自選市場是一種斷絕自己生路的經營，而固守傳統的經營方式。中內功卻敢於挑戰，他認準了自選市場從本質上來說是一種廉價的商店，可以節約可觀的費用。因而，在大榮超級市場裡，吃的、穿的、用的，顧客可以自由選擇，最後到收銀處交款。這種顧客自我服務的方式，一改以往零售店售貨員和顧客面對面服務的方式，不僅為消費者創設了自由、愉快的購物環境，更大大精簡了商店工作人員，節省了一筆可觀的費用。

中內功在大阪總公司專門設有「消費者服務室」，每天收到全國各地的經濟資訊情報和消費者的意見。由於中內功傾力去研究消費者的心理，適應消費者的需要，因而，循著以顧客為中心的服務宗旨和社會使命感，在數十年的奮鬥過程中，終於開闢出了一條成功之道。

在人才培養方面，中內功特別注意依靠人才進行技術革新，將技術革新與體制改革有機地結合起來，取得了顯著的效果。他認為，企業面臨困難、改組、重建或進行改革時，只要能夠保住人才，激發職工的主觀能動性和創造性，培養職工熱愛公司、熱愛商店、熱愛工作的感情，並不斷努力，就一定能夠走出困境。中內功熱情鼓勵職員大膽嘗試，對那些不怕失敗、敢於挑戰的部下都給予積極的支持。

中內功認為，經營要有創意，不能墨守成規，要積極建立和發展海外零售業，要在阿拉斯加、加拿大、巴拿馬、南美、紐西蘭、澳大利亞、中國等國家或地區設立分店，兼營採購和銷售業務，在全世界範圍內建立起大榮的採購網和銷售網。

中內功還建立商品轉運站。比如一些不易運送、保鮮性要求高的水果，不需運往大阪的總店然後再往各地分店運送，可直接由採購地就近銷售。用最新式的機器將集聚的貨物迅速分批，就近以最快的速度將商品銷售出去。精心設計商品的分配流向方案，設計出最節省最便捷的流通路線，將商品運往大榮在各地開設的分店。

一八五七年秋，中內功在大阪開設了由13名店員組成的大榮第一號店鋪。一八五八年冬，大榮邁出連鎖化經營的第一步，開設「大榮三宮店。」一八七二年，大榮發展成為日本零售業中的第一。中內功唱出了人生輝煌的「三步曲」。

大榮由一個小商店發展成為經營網路遍佈全日本的大超市，使單一的經營方式向商品多樣化複雜化發展。中內功在日本首創經營沒有商標的商品，並經營「大榮」商標的商品，這是大榮實現物美價廉的一種重要手段：無商標產品即醬油、菜油、飲料、果醬、衛生紙等商品，這些產品都是優質產品。由於它省了一大筆包裝費及廣告宣傳費用，所以降低了商品的成本，進而降低了商品售價，這就更好地兼顧了消費者的利益。創設「大榮」商標的商品是大榮的又一項重要舉措，這一業務的開展使大榮商品售價降低了15％左右。有人曾經形象地比喻大榮是「沒有工廠的製造商」。

中內功以其天才的經商資質和勇敢的創新精神使大榮在激烈的市場風雲競爭中常盛不衰，並不斷增強自己的知名度。二十世紀80年代，大榮就已擁有170多個基層店，共有職工計3萬餘人；另外，還有獨立於大榮之外經營大榮商品的200多個自選市場，有職工2萬多人，在全國上下形成一個龐大的大榮體系，成為日本著名的商業公司，年銷售額突破千兆日元，創造了零售界的奇蹟。中內功的這些創舉為日本零售業界的現代化做出了前所未有的貢獻，從而成為了日本當之無愧的零售業鉅子。

在商業活動中，時機的把握完全可以決定你是不是有所建樹。抓住每一個成功的機會，哪怕那種機會只有萬分之一。

5．不要放過任何機會

成功者是有智謀的奮鬥者。他們不做悶頭拉車的人，不放過任何有助於成功的機會。他們尋找機會、把握機會、利用機會的才能隨著歲月的增長而提高，猶如東風催動著他們前行的腳步。

機會就是挑戰，也只有勇往直前的冒險家才不會放過任何機會。換句話說，胸懷大志的冒險家的奮鬥歷程就是追尋一個又一個機會的歷程。失敗者之所以失敗可以說就是因為他們不敢、不善於甚至不想去抓機會的結果。躺在你眼前的鈔票需要你趕緊彎下腰去揀起來。牛氣沖天的股市需要你長期磨練出來的敏感的神經及時感覺到。而長達一個時代的機遇更需要你有「捨生取義」的氣魄。

成功的事業是由一個個機遇積累而成的。而機遇又是一個美麗而性情古怪的天使，她偶爾降臨在你身邊，如果你稍有不慎，她又將悄然而去。不管你如何扼腕歎息，她卻從此杳無音信，不再復返了。在商業活動中，時機的把握完全可以決定你是不是有所建樹。抓住每一個成功的機會，哪怕那種機會只有萬分之一。

「通往失敗的路上，到處是錯失的機會。坐待幸運從前門進來的人，往往忽略了從後門進入的機會。」這是一句在當今美國流傳得十分廣泛的諺語，你或許能從中受到一些啟示。

看準時機並把握它，將它變成現實的財富，才是成功企業家的明智選擇。俗話說，機不可失，時不再來。在你的生活與事業中，倘若你能在時機來臨之前就意識到它，在它溜走之前就採取行動，那麼，幸運之神就一定降臨到你的身上。

當運氣來臨時，你應該發揮你的聰明與智慧很好地利用你的好運氣。從這個意義上講，運氣實際上也就是抓住機會的同義語。

現實中，總有許多人抱怨說：我之所以一事無成，就是因為一直沒能找到機會。沒什麼了不起的，只要有了好的機會，我也會為成功一搏的。但實際上，機會處處有，只是看你是不是能抓得住。另一方面，雖說機會無處不在，但機會不會在那裡靜等你去利用它。

企業家在縱橫交錯的生產經營活動中，因為人力或物力上的種種原因，往往有這樣那樣的困難。然而，這些困難都只是前進中的困難，是暫時的困難。當你克服這些困難後，一切都會是明媚的春天。因此，迎難而上，堅持不懈，也就是抓住了你成功的機

當運氣來臨時，你應該發揮你的聰明與智慧很好地利用你的好運氣。

會。對於一個正在建功立業的人來說，他必須秉持著自己的決心，深入開掘，鍥而不舍，從而最終走向成功。這就是抓住了自己成功的機會。

雖然麥當勞的創始人是麥克、迪克兄弟，但真正創建麥當勞速食王國的卻是雷蒙・克羅克。是麥克、迪克兄弟創造了機會，但他們卻把這個機會賣給了慧眼識寶的克羅克，成就了克羅克的速食王國。

雷蒙・克羅克，二十世紀初出生於美國的一個貧困家庭。他先後彈過鋼琴，擔任過廣播電臺音樂節目編導。推銷過房地產、紙杯等，作為推銷員達25年之久。後來在一家經銷混乳機的小公司做了十多年的老闆。一九五四年，慧眼識金的克羅克果斷決定經營麥當勞速食店，並在購得經營權6年後一舉買斷了它，然後將一座座麥當勞餐廳變戲法式地撒遍了世界各國，建立起了一個全球性的麥當勞速食連鎖店王國。

一九三七年，麥克・克唐納和迪克・克唐納這一對猶太人兄弟，通過對他們過去3年的餐廳收入的研究發現，他們有80％的收入來自漢堡包。於是，麥氏兄弟開始對經營方式進行了重大改革，主要銷售這種每只15美分的漢堡包，並採用自助式用餐，一律使用紙餐具，提供快速服務。這種令人耳目一新的漢堡包小餐廳經營方式大獲成功。隨後，麥氏兄弟開始建立連鎖店，並親自設計了金色雙拱門的招牌。到一九五四年，擁有10家連鎖店的麥當勞漢堡包餐廳，全年營業額竟高達20萬美元。雖然如此，目光短淺的麥氏兄弟並未意識到自己的發明具有怎樣的價值，而目光敏銳的克羅克卻看到了這一產業的輝煌前景。此時的克羅克只是一家經銷混乳機的小公司的老闆。

克羅克早年家境困難，高中只上了一年就休學了。一九三七年之前他事業一直不如意，品嘗過太多失敗的苦澀。一九七三年，克羅克才當上一家經銷混乳機的小公司的老闆，慘澹經營，能勉強維持。到了二十世紀50年代，這時，已達知天命之年的克羅克依舊是個沒沒無聞的小老闆。

一九五四年的一天，克羅克發現麥氏兄弟在聖伯丁諾市開的一家餐館一次就定購了8台混乳機。這麼大的購貨量讓克羅克震驚，他為弄清楚這裡面的緣由而特地趕到了聖伯丁諾。

這家麥當勞餐廳，與當時無數的漢堡包店相比，外表上似乎無太大的區別。其時正是中午，小小停車場裡擠滿了人，足有150人之多，在麥當勞餐廳前排起了長隊。麥當勞的服務員快速作業，竟然可以在15秒之內交出客人所點的食品。這種經營方式，克羅克可從未見過。

克羅克當即決定開辦連鎖餐館。第二天，他就與麥氏兄弟進行洽談，很快得到了在全國各地開連鎖分店的經銷權，但條件卻頗為苛刻，規定克羅克只能抽取連鎖店營業額的1.9%來作為服務費，而其中只有1.4%是屬於克羅克的，0.5%則歸麥當勞兄弟。雄心勃勃的克羅克毫不猶豫地接受了這個條件。

一九五五年3月，克羅克的麥當勞連鎖公司正式成立。公司所屬的第一家麥當勞餐館同年4月在得西普魯斯城開張。隨後，推銷員出身的克羅克，以他的推銷才能不斷加快開設分店的速度。到一九六〇年，克羅克已經擁有228家麥當勞餐館，其營業額達三千七百八十萬美元，而麥當勞連鎖系統這一年一共只賺到7.7萬美元。隨著規模的擴大，麥氏兄弟抽去的利金將更多，而且更重要的是根據當年合約的規定，克羅克不得對麥氏兄弟設立的快速服務系統做任何修改，但事實上克羅克在經營中至少做了幾百次細小的改良。麥氏苛刻的規定，嚴重阻礙了麥當勞事業的進一步發展。克羅克決心買斷麥當勞。

一九六一年年初，經過談判麥氏兄弟答應出讓麥當勞的經銷權。但麥氏兄弟出價驚人：非270萬美元不賣！而且一定要現金。克羅克經過再三考慮，最終答應了麥氏兄弟的苛刻條件。克羅克和他的天才財務長桑那本使出渾身解數，幾經周轉，借貸到270萬美元，買下了麥當勞餐館的商標以及烹飪配方。至此，美國的全部麥當勞速食店都歸於克羅克名下，雖然公司的名號仍叫麥當勞，卻與麥當勞兄弟不再有任何關係了。

這一下，克羅克終於可以放手大幹了，他把自己的那一套做法發揮得淋漓盡致。一九七〇年，在國內取得巨大發展之後，克羅克又盯上了海外市場。但是，各國的飲食文化差異巨大，麥當勞準備輸出的不僅是漢堡包一類的食品，而且是一種飲食文化，其難度勢如登天。儘管最初在加勒比地區以及加拿大、荷蘭等地嘗試發展連鎖店時，都遭到失敗，但後來在日本取得了巨大的成功。

日本麥當勞總裁藤田針對日本的國情採取了相應的對策。他根據日本人具有排外情緒的心理特點提出，在日本的麥當勞公司從老闆到員工，必須百分之百的日本化，使顧客從外表看不出麥當勞產品是進口的美國貨。一九七一年，目光深遠的克羅克同意了藤田的方案，與他簽訂了合作協定，美日雙方各出資一半。

事實證明克羅克具有遠見的目光和高超的利用機會的才能。藤田以富有戲劇性的行銷手段，展開宣傳攻勢，使麥當勞在一夜之間便名揚全日本。當年，東京銀座區麥當勞分餐廳如期開業，第一天營業額高達六千美元，打破麥當勞一天營業額的世界記錄。接著，在短短18個月，藤田在日本神速地開辦了19家麥當勞餐廳。麥當勞在日本一舉成功，成為日本最大的連鎖餐廳，年營業額達6億美元。

在認真總結了日本的成功經驗後，克羅克便以一個與日本相同的模式在全球開發市場：找一個合夥人，給予他相當股份和自主權，讓他自由發揮。

就這樣，一座座麥當勞餐廳變戲法式地在世界各國落地生根了。它們在各自不同的國家，針對不同的市場文化，採用了不同的促銷手段，但卻使用著同一套標準的營運系統。到了二十世紀80年代初，麥當勞已在世界33個國家和地區建立了六千多家分店。僅一九八五年一年就發展海外分店597家，平均15個小時就開一個店。

從上面克羅克的成功經驗中，不難理解把握機遇的重要性。但是機遇卻並不是單純的幸運，它總是潛藏於普通的現象背後，被表面現象所掩蓋，具有隱蔽性。所以，一般人不容易覺察到機遇的存在。只有那些精明的人才能透過現象，看到本質，抓住被人們忽略了的潛在機遇。

機遇的另一個特性是具有顯而易見的暫態性。機遇一旦出現，就萬萬不能拖延，不能觀望，不能猶豫，必須當機立斷，不然就會失之交臂。我們常說的「機不可失，時不再來」說的就是這個道理。

但是，當你在發現機會並適時地抓住機會的時候，你還必須注意幾個方面的問題：一是善於發現和識別機遇。要想發現它、認識它，你必須具有靈活的頭腦和敏銳的觀察力。二是善於抓住機遇。如果發現機遇，就必須抓緊時間，馬上採取行動。不要貽誤戰機。三是見機行事，隨機應變。當好機會出現在眼前時，你要敢於扭轉航向，見風使舵。面對不利的形勢時，要準確地審時度勢，敢於拋棄不利因素，捨末逐本，分清主次。另外，要把握其他人的失敗中是否有機會可取。要知道，錯誤和不成功都是多種複雜因素相互作用的結果。你首先必須要對他人的失敗進行科學的分析和篩選，尋找到救助的可能性。

6．玩轉你手中的金錢

大多數有消極心態的人都認為金錢是萬惡之源。而人類歷史的發展證明：金錢在任何社會中都是非常重要的。金錢是有益的，它能讓人們從事更多的有意義的活動；人們在創造個人財富的同時，也對他人和社會做出了重要的貢獻。

在市場經濟社會，沒有金錢的生活肯定是寸步難行的。每個人都需要有一定量的財

產：房屋、家具、電器、服裝等等，這些東西都需要錢去換來。並且人們的消費欲望是無止境的，當你得到渴望的東西後，還會有更好的東西引起你的喜歡。在現代生活中，金錢就相當於成功，金錢就等於媒介。

各種各樣的基金會幫助了無數人。有些人在經濟方面是百萬富翁，但在精神上卻是乞丐，特別是那些為了金錢而將家庭、榮譽、健康都拋棄的人，更是徹底的失敗者。

崇尚金錢是很正常的一種要求，但過於追求金錢就會成為金錢的奴隸。人們應該做到既不要過分貪財，也不要過於吝嗇。

善用金錢是成功的基礎。金錢可以給人帶來快樂。金錢既可用在正道上，也可用來犯罪，重要的是你怎樣利用它——在它用來滿足基本的生活消費後，還可用來做一些慈善事業。

金錢能讓你變得更加自信。懷中有足夠的鈔票，銀行裡有可觀的存款，保險箱裡有很多的熱門股票，都能夠讓人心安理得。不論那些對有錢人持不支持態度的人怎樣爭論，事實確實是堅實的金錢基礎能夠讓人自信。

事實告訴我們：個人的自信心是和他的金錢基礎成正比的。金錢能讓你更加充分地體現個性自我。倘若你手裡有錢，銀行裡有存款，你就會自由自在，你可以不理會別人怎樣看待你。倘若有人不能接受你，你可到別處去找新朋友。百元的花費不必放在心上，超市、商場可以讓你自由地去逛。經常感到生活拮据的人最怕的就是了解他經濟收入的人，有家的男人更是這樣。當他為了滿足自己的某個嗜好而將幾元錢花掉時，他就會產生一種發自內心的負罪感，他的欲望滿足受到了缺少錢的限制。如果你希望展現自我，渴望自由，那麼，你的最好動力就是去賺錢。

如果有錢，就存起來——養成存錢的好習慣。只有儲蓄才能防患於未然。倘若一個人要想改變負債的狀況，又要擺脫對貧窮的恐懼，應該把借錢購物的習慣改掉，把一切債務償清。在解除了債務的後顧之憂後，你的意識習慣就會得到改變，會逐步走上成功之路。不久後，你將體會到儲蓄的樂趣。

對天才來說，他的天分可以給他提供許多機會。但事實上，倘若沒有錢幫助天才展現他的天賦，那麼所謂的天才只是一個空洞的稱謂而已。

經濟獨立才能真正獨立。倘若你沒有錢，那麼你一定不容易把握機會。這是顯而易見的。沒養成該習慣的一個男人，終生都擺脫不了勞苦。這是可悲的事實，但是多數人都以這種方式生活著。

存錢不只是單純地以存為目的，而是為了用更多的錢辦更大的事。到處都有機遇，

如果你希望展現自我，渴望自由，那麼，你的最好動力就是去賺錢。

但只有手中有錢的人才能抓住。這些人不僅能抓住機會，而且清楚該怎樣去利用金錢。

世界富豪的發跡史，很多都是白手起家，以從事貿易或實業而致富。不過，還有一類富豪，卻是以較為雄厚的資本去收購其他公司的股份，或控股，或兼併，或轉賣，靠高額的股權收益而升入大富豪的行列。美國多種投資控股公司總裁羅奈爾得・佩雷爾曼就是其中的佼佼者。

羅奈爾得・佩雷爾曼，兼併巨頭，一九四三年出生於美國北卡羅萊納州的格林斯保市的佩雷曼，祖父摩利斯從事金屬加工業，並有3億美元的控股公司。佩雷爾曼從小就跟父親學做生意。在賓夕法尼亞大學讀書時，他更是用大部分課餘時間參與父親公司的經營。一九六四年佩雷爾曼大學畢業時，這位經濟學學士早已是滿腹生意經了。在大學期間，他以80萬美元買下一家啤酒廠的股份，然後又將其分兩次賣掉，分別獲100萬美元和200萬美元，淨賺二百多萬美元，成功地做成了他的第一筆生意。

一九六七年到一九七八年，父子倆分別收購了幾家機器製造廠、鋼鐵廠，隨後運用他們握有的股份，對這幾家企業進行資產重組，清除掉一些低利潤的生產部門，優化了資產結構。他們從不借貸資金，並反對無利交易，形成了人們熟知的佩氏經營風格。

一九七八年，年已35歲的佩雷爾曼迫切地想獨立地幹一番事業。他找了個機會向老父親提出這一要求：「爸爸，您老辛苦了一輩子，也該享幾年清福了，公司的事就交給我好了。」哪知，父親是個工作狂，聽了兒子這番話，竟勃然大怒。佩雷爾曼只好與妻子以及他們的孩子搬到紐約，走上了另立門戶的道路。

一九七八年4月，佩雷爾曼以200萬美元購得科思－哈特菲爾德產業34％的股份。沒過多久，他又賣掉了自己所擁有的這家公司的大部分股份，將資金集中起來炒股票。靠這一買一賣一炒，他不但收回了原有資本，還獲利一千五百萬美元。

旗開得勝，從此，佩雷爾曼一發不可收，收購、倒賣、控股、吞併，將其兼併天才發揮得出神入化。

佩雷爾曼又先後從投資商布邊・考夫曼手裡買進了五千萬美元的股份，顯示出他過人的魄力。一九八〇年，已是富豪的佩雷爾曼開始實現他20年前的願望。那時他們父子倆曾看中了新澤西州從事甘草提煉和巧克力生產的麥克和福布斯聯合公司，只是苦於資金不足無法收購它，而現在可以實現他多年的夙願了。他一口氣買下這家公司四千五百萬美元的股份。這筆生意的成功，使他的公司實力陡增。三年之後，他乾脆買下了麥克和福布斯聯合公司的全部股份。

將個人的喜好和安危與公司的經營融為一體，是佩雷爾曼的獨特風格。抽煙是他的一大嗜好，從平時對各種名煙的品評，到對各煙草公司經營狀況予以特別的關注，使他收購煙草公司的欲望日益強烈。一九八四年，他不惜出資1億多美元買下了美國煙草聯合公司。一夜之間，他便登上了「煙草大王」的寶座。

在佩雷爾曼兼併控股生涯中，收購瑞福倫化妝品公司是他最為得意的傑作。瑞福倫是一家龐大的化妝品跨國公司，其產品暢銷世界上130個國家和地區。到二十世紀80年代中期，該公司每年銷售的化妝品和保健品分別達到10億美元。佩雷爾曼對它窺視已久，只不過一時還沒有足夠的財力吞下這個龐然大物。

一九八五年初，佩雷爾曼決定先將其目標轉向佛羅里達州的潘瑞・布萊德超級市場集團，這家集團剛剛擺脫破產保險，急需要錢，出價較低。但最令佩雷爾曼感興趣的是該集團擁有33億稅收轉帳權。6月初，佩雷爾曼買下該集團六千萬美元的優先股份，占其全部股份的38％。接著，佩雷爾曼正式向瑞福倫公司總裁蜜雪兒・伯傑雷提出收購要求。遭到拒絕後，佩雷爾曼就以潘瑞・布萊德集團的名義公開以每股47.5美元向瑞福倫出價。一九八五年底，潘瑞集團將每股收購價提高到50美元，後又提到53美元。10月中旬佩雷爾曼在這場收購戰中終於獲得勝利。

佩雷爾曼作為第一大股東當上了瑞福倫化妝品公司的新總裁。他一上任，就大刀闊斧地整頓公司的組織結構。他賣掉瑞福倫大部分贏利甚少乃至虧本的生產保健品的分部門，接著，又將所屬機構從100個削減到20個，並賣掉了公司的噴氣式飛機，只是保留了隱形眼鏡實驗室。

與此同時，佩雷爾曼將恢復美容化妝品業作為公司的首要任務。他把該公司美容業的創始人查理斯・瑞福森的半身塑像放在辦公大樓的顯著位置，以提醒廣大員工一定要注重化妝品這種傳統產品的開發與生產。當時，受國際美容品市場疲軟的影響，美容業在一九七四年至一九八四年間曾處於低谷時期。

目光敏銳的佩雷爾曼清醒地看到，化妝品業已經有復蘇的跡象，此刻正是搶佔市場的絕好時機。於是，他全力恢復對化妝品新產品的開發，同時改進廣告宣傳和銷售戰略。佩雷爾曼選中電視明星蘇珊・露茜作為公司的發言人，同時選擇著名攝影師理查・埃夫登拍攝公司的廣告。廣告結尾語令人怦然心動：「世界上最令人難忘的女郎都使用瑞福倫化妝品。」佩雷爾曼由此大獲成功。

一九八八年9月，佩雷爾曼又出手不凡，他以1.37億美元將食品公司賣掉，以7.8億美元賣掉彩色印刷校服公司，還以2.25億美元賣掉了煙草聯合公司。熟知佩雷爾曼兼併風格

要成功必須向成功者學習或必須跟成功者在一起，模仿他們的精氣神，拷貝他們的智慧。

的人，紛紛推測他很可能又在積累資金上要採取大的行動了。果然，一九八八年底，佩雷爾曼接管了5個陷入困境的信用合作社，將其合併後組成吉布拉爾塔第一銀行。接著，他又在政府的支持下，買下了擁有23億資產的聖安東尼奧信用社。不知佩雷爾曼的下一步又要收購誰。

最後，強調一下：善用金錢才能創造更多的金錢。

7．成功者善於模仿

歷史的進步都是從前人的進步上往前邁步的。創新離不開模仿，沒有模仿，就沒有人類的進步。可以說，模仿是人類以及其他動物的本能。成功者的成功也是通過模仿找到自己的新路。成功不是一般生理性的拷貝。要成功必須向成功者學習或必須跟成功者在一起，模仿他們的精氣神，拷貝他們的智慧。

模仿能使人快速成功，因為你不必從頭摸索，不必重複以前的人所犯的錯。別人能夠做到的，你就同樣也能夠做到。這跟你的意願無關，而涉及到你使用的方法，也就是參照那人是怎麼去做的。有些人之所以能達成目標，乃是窮多年之功，歷經無數的失敗，才找出一套特別之道。但是你可別走他們的老路，只要走進使他們成功的經驗中，不需要花費像他們那樣多的時間，也許不多久就可以達到像他們那樣的成就。

模仿是通往卓越的捷徑。也就是說如果你想做出令人驚羨的成就，那麼只要你願意付出時間和努力，也就可以做出相同的結果來。如果你想成功，你只要能找出一種方式去模仿那些成功者，便能如願。能推動和搖撼世界的人，往往都是那些擅長模仿的人。要向卓越模仿，你要像個偵探，像個測量員，不斷地質疑並找出得以成功的痕跡來。

人生大部分的學習就是從他人的成功裡汲取經驗。模仿別人時既可緊緊追隨，也可採取有選擇地追隨及保持一段距離的追隨。模仿成功者的「精、氣、神」。如果你要再製造人類任何形式的成功，必須從三個基本方向出發。它們是三種形式的心理與生理活動，緊緊地扣住我們所想要的結果。你可以把它們想像成三道通往華麗酒會大廳的大門。第一道門代表一個人的信念系統。如果你能夠模仿成功者的信念系統，也可能產生類似的結果。第二道要打開的門，稱為心智序列，那是指一個人思想組成的方式。第三道門叫做生理狀態。

對於一切事物，我們都有不同的感受方式，且造成不同的結果。當你懂得運用心理的方法，便能隨機而發；若你能知道別人的心理，便能抓住其意圖而投其所好。即使你只有一點點或全然沒有任何背景概念且情況不樂觀時，只要你能找出有成就之人的突出要領並複製一番，就能在比原先花費得更短的時間內，達到類似的結果。

要模仿某人，你就得同樣模仿他的內心體驗、信念系統，否則你只是在模仿他的肢體動作。成功最重要的祕訣，就是要用已經證明有效的成功方法。你必須向成功者學習，做成功者所做的事情，了解成功者的思考模式，運用到自己身上，然後再以自己的風格，創出一套自己的成功哲學和理論。

成功者自有成功者的道理，要想學習成功者，你必須想法接近成功者，並與成功者在一起。只有這樣，你才能真正學到成功者的思維方式和經驗。成功的道理很多，有些是能寫到書上的。還有很多是無法寫到書上的。要學習那些無法寫到書本上的真經，必須想法跟成功者在一起。日本零售業巨頭岡田卓也的成功就是開拓性模仿的結果。

岡田卓也，一九二五年出生於日本四日市的一個商人家庭。一九四五年9月21日，即日本宣布無條件投降後一個多月，他返回了四日市的家中，擔起了重建家園的重擔。他從貨郎做起，不僅重建起了「岡田屋」，而且使他的商店規模越來越大。他大膽引進美國超級市場和連鎖經營體制，迅速壯大實力，成為居全國第三位的零售集團。

一九四五年6月18日，美國轟炸機轟炸四日市，岡田卓也家的商店和住宅，一夜之間盡毀，幾代人用心血創造出來的「岡田屋」一下子變成了殘垣斷壁，熱鬧一時的「岡田屋」似乎已走到了盡頭。被迫中斷大學學業而被征入伍的岡田卓也當時正在鹿島灘的軍隊裡服兵役。當他從家人的信中得知「岡田屋」被炸的消息後，他的心裡焦慮萬分，他隨時隨刻就盼著儘快停戰，好回去把自己的家園重新建造好。

一九四五年8月15日，日本宣布無條件投降。岡田卓也立即提出復員請求，但上級卻以還要處理善後為藉口，不准他離隊。歸心似箭的岡田卓也怒不可遏，9月21日，他無視命令，憤然離開陣地，返回了四日市的家中。

20歲的岡田卓也繼承了世代相傳的經商傳統和不屈不撓的創業精神，他挑起了扁擔，擔著木屐帶、嬰兒尿布等貨物來到大阪、京都銷售，踏著祖先的腳印，邁出了復興「岡田屋」的第一步。同時，他還利用剩餘資金抓緊重建商店。一九四五年12月27日，在被炸得一片狼藉的四日市，「岡田屋」在一片焦土上又重新開業了。

在經營中，岡田卓也時時牢記祖父的一句訓言：「要靠降價贏利，不靠漲價賺錢。」戰後初期的日本，物資匱乏，一些見利忘義的商人趁火打劫，囤積銷售，哄抬物價，造成物價飛漲。當時的商業界，投機經營、黑市交易成為普遍現象。然而，儘管當時的小店很需要錢，而錢又那麼唾手可得，岡田卓也卻沒有因為錢而放棄經商的原則，而是始終把維護商業信譽放在第一位。堅持低價銷售、誠實經商，憑著良心、優秀的商德進行著慘澹經營。

一九四七年秋，日本政府恢復了戰爭時期曾實行的布票制度，這是為制止黑市交易而採取的措施。居民必須在經營供應物品的商店事先登記所需，政府憑登記數量向商店批發衣物、布匹，登記過的顧客再憑票購買。登記的客戶越多，進貨就越多；反之，如果沒有顧客登記，則說明商店沒有信譽，政府也會相應取消其經營配給布匹的資格。由於「岡田屋」一向堅持優質低價、誠實經商，在當地享有極好聲譽，因此，政府一公布新措施，市民們便紛紛到「岡田屋」登記，小店也因此逐步走向復興。

戰後日本的經濟得到迅速恢復，四日市亦是日新月異。一九四九年，岡田卓也和二姐千鶴子毅然用自己家裡的老房子和地換取了新道的一處房產，告別祖先留下的「岡田屋」，遷到新興的新道市場。這是由於「岡田屋」的所在地「十字街」雖是商業街，卻因戰火的嚴重破壞恢復較為緩慢，而火車站附近由於人口流動量的增大，正在形成新的商業街。放棄「岡田屋」，岡田卓也固然難過，因為那裡的一磚一瓦裡都凝聚著自己的心血。當年，他挑著擔子沿街叫賣，都是為了在廢墟上建起令他魂牽夢繞的「岡田屋。」但是，他也清醒地認識到，身為商人，必須按規律辦事，只要「需要」來臨，必須隨時準備「見異思遷」。

一九五八年，岡田卓也又實行了新的「戰略轉移」，在政府新建火車站附近建立起新的商店，這次不僅面積有所擴大，連經營方式也有了進一步的創新。

「見異思遷」，給岡田卓也的「岡田屋」帶來了很大發展。一年後年銷售額為六千萬日元，第二年翻一番，為1.2億日元。一九七五年達到近6億日元。營業額在八年裡增長了10倍，從而成為全國屈指可數的大店鋪之一。以後的日子裡，岡田卓也得以相繼在三重縣的津、桑名、伊勢等地發展店鋪，到二十世紀50年代末，形成了獨自的零售網路，從單店鋪經營發展成為多店鋪連鎖經營。戰後的日本，商業發展迅猛，在國民經濟中佔據重要地位，但很多人卻認為商人是經濟界的雜牌軍，難登大雅之堂。這種重工輕商的風氣使商人備受委屈。

岡田卓也深切地認識到力量弱小不足與廠家抗衡，更沒實力向廠家的價格決定權挑戰。為此，岡田卓也前往美國進行考察。在美國期間，他看到了廉價超市席捲全國的迅猛之勢，看到了連鎖店超市覆蓋各州的蓬勃之態。那多達數千個店鋪的連鎖經營方式，給了岡田卓也極大的啟示。他也欣喜地找到了日本零售業現代化革新的方向。

岡田卓也決心引進美國超級市場和連鎖經營體制。回國後，他決定：在三重縣內建成4個大型百貨店、40個連鎖超市店鋪，營業額從60億日元增加到500億日元。在三重縣市場一展身手之後，雄心勃勃的岡田卓也又制定了更宏偉的計畫，兵分幾路向外縣進軍。到二十世紀50年代末，向西，「岡田屋」在關西勢力不斷壯大，已成為關西零售業界的巨頭之一；向東，卻遇到關東強大的競爭對手，遭到了一次不小的挫折。這時，第一次嘗到失敗滋味的岡田卓也認真總結經驗，認識到：自己的實力與大型商業公司差距太大，硬拼有些力不從心。要把一個地方性的零售商業公司打入首都東京，甚至擴展到全國，必須採取新的策略——把志同道合的地方零售企業組織起來。

岡田卓也一刻也沒忘記實現零售企業大聯合的遠大理想。他開始向熟悉的經營者們進行遊說。他說，零售業的發展應該站在消費者的立場上，提供物美價廉的商品。現在的日本已經興起了史無前例的流通革命，零售業如果像以前分散經營，就無法與生產廠家抗衡，在決定價格時就只能聽任廠家擺佈；自己沒有任何發言權，所以必須走強強聯合的道路。

岡田卓也深知商業公司合併的難度。要實現聯合，最重要的是實現經營者之間心與心的溝通，只有相互信任，相互理解，志同道合，才能聯合成功。岡田卓也心目中的最佳人選是德高望重的二木。二木同樣是零售業界的驕子，他當時擁有近30個店鋪，年營業額高達130億日元，在全國零售業名列第43位，是位頗有實力的商業鉅子。一九六〇年2月，岡田卓也拜訪了二木，誰知二木原來也早有此意，兩人一拍即合。協商之後，決定先從兩家共同進貨、聯合開發商品著手，進而實行合併。

兩個地方零售業公司的合作在日本經濟界引起巨大的反響，也引起一個有心人——大阪零售業西羅公司的社長井上次郎的注意。他打電話給岡田卓也，真誠地表示對參與合作有極大興趣。就這樣，一九六九年2月，「岡田屋」、「二木」、「西羅」三家公司各出資五千萬日元，成立了聯合公司——「日本聯合連鎖株式會社」，按其英文諧音定名為「佳世客株式會社。」公司名稱的縮寫，體現了創立開始就確立的「聯合」的宗旨。年營業額達126億日元的西羅公司的加入，對岡田卓也來說，無疑是如虎添翼。新生的「佳世客株式會社」是為三個零售業共同進貨的總部公司，各商業公司依然獨立經營。形成了由「岡田屋」、「二木」、「西羅」三個地方超市連鎖組成的大型商業集團，店鋪總數達61個，營業額約400億日元，一舉成為居全國第三位的零售集團。公司根據每人的資格量才而用、確定工資、分配獎金。資格既和工資掛鉤，也與職務聯繫。

同時，岡田卓也和他的姐姐成立了「佳世客大學」，這在日本商界是史無前例的舉動。「佳世客大學」自一九六九年成立以來，培養了大批優秀技術骨幹和管理幹部，不僅為佳世客的發展立下了汗馬功勞，也對整個日本商界的興盛起到了推波助瀾的作用。岡田卓也始終堅信：一個公司，如果想在激烈的競爭中站穩腳跟，除了雄厚的資金，絕不可缺的就是人才。

岡田卓也，靠著他可貴的商德和聰慧的頭腦，在一片廢墟上把日本零售業的大旗插遍列島。狂怒的海風把佳世客的旗幟吹得獵獵作響，也把岡田卓也的名字，把一代名商的風範傳遍了日本，傳遍了世界。

8．運用你的一雙慧眼

抓住機會與否往往決定了你的成功。有趣的是，有的人自己創造了機會，但他們不知道它的價值，只以極低廉的價格賣給了真正識貨的人。也有的人就躺在機會的旁邊，卻整天抱怨生不逢時。而那些志向遠大的人時刻警惕著，只怕機會從自己眼前溜掉。

在美國佛羅里達州有一個叫律蒲曼的窮畫家。他的畫具非常簡單，只有一隻削得已經很短的鉛筆。有一天，律蒲曼正在畫畫，要修改時，卻找不到橡皮。他費了好大的勁才找到橡皮，但鉛筆卻又不知放哪兒了。他又開始找鉛筆。之後，為防止再發生此類情況，他乾脆把橡皮繫在了鉛筆尾端。但沒一會兒，橡皮就掉了。最後，他想出了一個好辦法，他用一小塊薄鐵片，將橡皮與鉛筆包在了一起。果然，用這個方法非常管用，為律蒲曼帶來了方便。他為這項小發明申請了專利，並賣給了一家鉛筆公司，因此獲得了55萬美元，從此他的生活條件大大改善。

可口可樂的發明和使它成為一種世界性飲料的過程，就是一件頗耐人尋味的事。

可口可樂的發明來自於一位藥店店員的一次錯誤。一八八六年5月的一天，藥劑師約翰·彭伯頓試配成功一種專治頭痛症的藥水原漿。他把含有可卡因、咖啡因興奮劑成分的可哥葉和可樂果提煉品，加入若干酒類物質等其他成分，成功地配製出一種藥用原漿。然後，他把這種原漿摻兌淨水，配製出一種專治頭痛的藥用飲料，最初取名為「彭氏健身飲料。」

一八八六年11月15日上午，因飲酒過量而引起頭痛的威爾克斯先生來到了彭氏藥房。他是被廣告宣傳提到「彭氏健身飲料」具有治頭痛療效而吸引來的。可是那天店員卻在忙中出錯，他把通常兌入淨水的原漿摻入到了蘇打水裡，遞給了威爾克斯。威爾克斯望著杯裡醬色帶泡的飲料，開始猶豫起來，不過威爾克斯還是嚐了一小口。「味道真不錯。」威爾克斯說完以後，趕緊又是一大口，一下子他頓覺神清氣爽。這時，藥劑師彭伯頓恰巧走了進來，威爾克斯杯子裡的醬色帶泡的藥水讓他大吃一驚。彭伯頓心裡一沉：「我從未調配過這種顏色的飲料啊！」他叫來店員詢問，店員知道自己闖了禍，解釋了半天也沒有最終解釋清楚。沒辦法，彭伯頓便不動聲色走進櫃檯，仔細查看用過的容器和量杯，然後又很快配製出一種醬色帶泡飲料，遞給了威爾克斯。威爾克斯一邊喝一邊誇獎說：「跟剛才那杯味道一樣好。」這樣，彭伯頓最終找到了配製新飲料的標準方法：1份原漿摻兌6.5份蘇打水。就這樣，可口可樂誕生了。

彭伯頓醫生並沒有發現他的藥的商業價值——成為風靡全球、深深影響人們的飲食習慣的一種大眾飲料。而是被獨具慧眼，後來成為可口可樂公司的創建人的阿薩・坎德勒，發現了可口可樂的潛在價值。一八八八年通過隱蔽的收購，他在不到一年的時間就擁有了可口可樂的配方權。他義無反顧地成立了可口可樂公司。由此可見，在商業活動中，時機的把握完全可以決定你是否能夠創新和有所建樹。

可口可樂公司的創建者阿薩・坎德勒，一八五一年12月30日誕生於美國佐治亞州。南北戰爭之後，他的父親撒母耳患上了嚴重憂鬱症，家庭經濟狀況惡化。19歲的阿薩毅然選擇了就職，替父母和家庭分憂解難。

一八七〇年夏，他離開家鄉前往卡特斯維爾一家小藥店當學徒。一八七三年6月底學徒期剛滿，阿薩便離開了卡特斯維爾，義無反顧地踏上了前往佐治亞州新首府亞特蘭大的人生征途。在亞特蘭大，阿薩進了「大眾藥房」當一名店員，後又升為店員主任，並在四年後娶了老闆霍華德的女兒為妻。

一八七七年4月，雄心勃勃的阿薩與馬塞勒斯‧霍爾曼合資開辦一家批發零售藥材的「馬塞勒斯頓德勒公司。」這樣，阿薩‧坎德勒第一次成為能把握自己命運前途的藥業商人，從而實現了他當老闆的夢想。

但是阿薩日後事業上獲得的巨大成功，並非是靠他的藥店，而是靠一種「可口可樂」飲料。「可口可樂飲料」問世後，阿薩便發現了這個具有巨大市場潛力的產品。但是他不動聲色，決定用隱蔽手段從發明人彭伯頓手裡收購可口可樂原始配方股權。缺乏經商頭腦的彭伯頓個人資金有限，於是便陸續拉入朗茲、維納布林斯、沃克兄妹四人投資入股生產可口可樂。但是，這些人的投資主要用在了購置加工設備和宣傳促銷上，所以可口可樂飲料沒能很快給他們帶來可觀的利潤。

他們開始考慮出賣股權扔掉「包袱」，這正是阿薩要等待的。於是，阿薩開始暗中收購可口可樂配方股權。一八八八年春他假借「沃克坎德勒公司」的名義，個人出資550

美元收購到彭伯頓手裡保留的三分之一股權。不久，他從沃克兄妹手裡收購到三分之一股權。到這年夏天他又出資一千美元再次從沃克兄妹那裡收購到最後三分之一股權。就這樣，他用不到一年的時間共出資二千三百美元便買下了彭伯頓發明的可口可樂的全部股權。阿薩・坎德勒成為可口可樂配方專利權的新主人。

一八九〇年阿薩做出一項困難又重要的決定：放棄多種經營，集中精力和財力生產銷售可口可樂。一八九一年秋他把公司和藥房遷到一幢樓內。一八九二年正式把公司更名為「可口可樂公司」。

阿薩・坎德勒的確才識過人。在推銷可口可樂的過程中，他很快領悟出把這種飲料的市場形象定位於「藥用飲料」是不明智的。這樣就會把產品的消費者局限在「病人」這樣一個小範圍內。如果改變促銷宣傳方向，把可口可樂定位於大眾化的軟飲料，人人皆可飲用，季季皆可飲用。這樣就可以打開可口可樂的銷路了。所以阿薩的促銷廣告宣傳搖身一變，由「神奇健腦液」變成了後來人們熟悉的「清香提神」軟飲料的廣告詞。

汽水店、冷飲店是當時城市人最愛光顧的主要場所。夏季生意相當紅火，但進入秋冬季節，生意便一落千丈，甚至關門歇業。阿薩看準這個潛力巨大的市場，親自上門促銷，鼓動商店賣可口可樂。

機會往往如同連環扣，抓住一個，可能帶出一串來。

一八九九年，兩名青年律師湯瑪斯和懷特黑德主動懇請與可口可樂公司合作，採用瓶裝技術擴大可口可樂飲料的銷售。兩位律師使出渾身解數，終於說服阿薩跟他們簽訂了一份合同：托馬斯和懷特黑德自籌資金建立瓶裝廠，並保證只灌裝可口可樂飲料。作為回報，阿薩則讓他倆獨享瓶裝可口可樂專營權和商標權，並提供充足的飲料。

一紙合同，使湯瑪斯他們輕而易舉地取得了瓶裝可口可樂飲料的專營權和商標權，最終成為百萬富翁。當然，這個合同並非對阿薩只有損失沒有實惠。讓別人去冒險投資，推廣自己產品，而自己卻能從沒有直接投入一分錢的合同裡賺取成百上千萬美元利潤，何樂而不為呢？

第二年起，專門灌裝可口可樂飲料的瓶裝廠陸續在全美各地建成投產。阿薩經營的可口可樂通過瓶裝技術，源源不斷銷售到美國城鄉各地。喝到原汁原味可口可樂飲料的人越來越多，可口可樂創造輝煌的時代終於到來了。

一九一六年秋，決意退出商道的阿薩・坎德勒參加了亞特蘭市市長競選。一九一七年1月他成功地當選市長並宣誓就職。

經過百餘年努力，阿薩・坎德勒的繼承者們已使可口可樂公司位居全球十大著名企業榜首，使可口可樂飲料成為美國飲食文化的象徵，它的商標價值已上升至400億美元。

藥劑師約翰・彭伯頓和阿薩・坎德勒面對的是同一個機會，而且前者有絕對的優勢成為可口可樂世界的主宰者，然而他缺少後者的眼光。彭伯頓挖出了寶藏，但他卻沒能識得它的真面目，只把它當做了一般的礦石。雄心勃勃而精明的阿薩・坎德勒只用了二千三百美元就擁有了這個寶藏。同時有機會擁有這個寶藏的還有朗茲、維納布林斯、沃克兄妹，事實上，他們曾部分擁有過。

更讓人欽佩的是青年律師湯瑪斯和懷特黑德，他們又從阿薩・坎德勒和他的可口可樂身上發現了無窮的寶藏——輕而易舉地取得了瓶裝可口可樂飲料的專營權和商標權。這就是成功者與平庸者的一個重要區別。

9．科學是創新的金鑰匙

越是成功的人越自信於自己的經驗。然而，太過於自信反而更容易犯主觀錯誤。在缺少經驗的情況下，如果不憑科學方法辦事，更容易盲目行事。正如李嘉誠所說：「世界每天在變，變到你也不相信，我自己來講，從我開始做塑膠，已追求新的知識；現在做地產也好，做貨櫃碼頭也好，或是其它行業，都希望多了解，有知識才能有宏觀的看法而獲得最後勝利。」

相信科學、利用科學是取得成功的捷徑。使用科學手段可以讓你少走彎路。利用科學的設備、儀器和方法可以迅速鎖定你的工作目標。在農業、工業上利用科學手段的意義已經毋庸置疑。在商業領域，科技方法、手段的作用也越來越大，例如，使用電腦系統可以有效提高管理效率，使商品的流通更加精確、流暢。利用科學知識和科技手段可以為你節約時間和資金。精確度的極大提高和準確性的不斷增強，可以更精確地配置資源，減少浪費和差錯率。

科學知識可以為你提供可靠的資訊。保羅・格蒂正是在石油開採中充分利用了地質知識，才取得了驚人的成功。

保羅・格蒂，一八九二年出生於美國的一個富裕家庭。他20歲出頭就隻身前往奧克拉荷馬，開始了他的石油生涯。他通過購併和利用地質知識開採石油，迅速建立了他的石油王國。24歲時僅用了5個月的時間就賺了第一個100萬美元，60年後他去世時，這100萬已經增長了六千倍。

保羅・格蒂的父親喬治・格蒂原是會計師，後來成立了一家保險公司，生活富裕。

一九〇三年，喬治為了討要一筆款去了奧克拉荷馬州一個新興的邊疆小鎮馬特爾斯維爾，那兒原先是印第安人居住地區，因為發現了油礦，外來人口大量湧來，在那裡打井採油。開採石油與淘金一樣，是非常賺錢的買賣，買下一塊地，只要打出一口產油井，一夜之間就可能暴富。當時，11歲的喬治・格蒂幾乎是身不由己地捲入了這股黑色的漩渦。他花了500美元在那裡買了一千一百英畝土地，在第二年打第一口油井時，他便把家搬到了馬特爾斯維爾小鎮。

財運亨通的喬治，在兩個月裡鑽了6口井，每口井每月能產1萬桶，迅速成了暴發戶。後來，保羅用屬於他自己的錢購買了明尼荷馬公司——他父親的公司的100股股份，成了父親的一個合夥人。

一九三三年，20歲出頭的保羅・格蒂隻身前往奧克拉荷馬的塔爾薩，開始了他的石油生涯。第三年，保羅成功地在自己的租借地上打出了第一口油井。就在油井噴油的第三天，他又將這塊地就地出售，從中賺了將近4萬美元。這是他第一筆盈利的買賣，由於這一成功，父親正式接納他為家庭企業明尼荷馬公司的一名經理。

當時，採油者中很少有人將地質學用於石油開採中，他們只是盲目地憑自己的經驗和感覺，認為哪裡有油就在哪裡鑽井。保羅卻與眾不同，他聽從了地質學家的勸告，把目光從競爭激烈的地區轉向沒有人注意的庫欣油田北面和西面的紅土地帶。不久，他果然在那裡發現了儲油豐富的油田。僅僅5個月以後，他發現自己的資產已經達到100萬美元了。這一年，保羅年僅24歲。

一九三〇年老喬治去世，他給妻子薩拉留下了一千萬美元的遺產，並把遺產的支配權交給指定的遺囑執行人。保羅只得到區區50萬美元的遺產。這對保羅・格蒂無疑是一個沉重的打擊。他知道，父親根本不信任他，認為他遲早會將家產敗光。雖然在名義上，他是公司的董事長，實際上，操縱權卻在母親手裡。

二十世紀30年代，美國經濟出現了大蕭條，股票市場崩潰。當大多數投資家和商人紛紛金盆洗手時，格蒂卻逆流而上，認識到他施展才華、創建一個大型石油綜合企業的良機已經到來。當時許多石油公司的股票已跌到相當於原來幾分之一的價格，而股票的持有者們仍繼續拋售。格蒂看中了加利福尼亞的兩家石油公司——墨西哥海濱聯合石油和太平洋西方石油，這兩家公司在凱特爾曼山油田擁有寶貴的地皮。母親薩拉不贊同購買股票，他就繞開母親，轉而設法說服公司的董事們，用貸款購買了300萬美元股票。

一九三一年底，格蒂終於擁有了太平洋西方石油公司超過一半的股份。這也意味著他已經擁有這個公司的控制權。可是他還是不滿足，眼睛緊緊地盯著海濱聯合石油公司。海濱聯合石油公司是美國第九大石油公司，即使在這種經濟大蕭條的情況下，年淨收入也高達500萬美元，幾乎相當於喬治・格蒂公司的全部收入。當時，它的股票價格下跌了大約90％，每股售價不足1美元。格蒂計算之後認為，這個公司的全部股份只值一千四百五十萬美元，真是一個便宜貨。他能放棄這個千載難逢的機會嗎？不。為了搞到資金，他將喬治・格蒂公司的一塊產油黃金地段以450萬美元出手。然後，他開始以每股2.5美元的價格悄悄地購進海濱石油公司的1.51萬股股份。

為了進一步實現他的計畫，格蒂覺得必須獲得屬於母親所有的大部分公司股份，這樣，他才能完全控制自家的公司，隨意貸款，以便更多地買進海濱聯合石油公司的股份。由此，他與母親的關係越來越對立，母子之間不斷地發生摩擦和爭鬥。直到一九三三年耶誕節，母親終於向格蒂讓步並答應以450萬美元將她的股份賣給他，但不是以現金方式支付，而是有息期票。也就是說，格蒂欠她的錢是要付利息的，而且這筆借款必須在限定的時間裡還清。格蒂爽快地答應了。於是，他的母親就從公司最大的股東變為格蒂最大的債權人。

當格蒂掌握了家族財政的支配權之後，他的目光轉向了對手即控制著海濱聯合石油公司的龐大的美孚石油公司了。

美孚石油公司和它的夥伴們對股票市場的形勢是有清醒認識的。為了防止被接管兼併，他們採取了一系列措施。但道高一尺，魔高一丈，格蒂也適時採取了相應的對策，經過幾次反覆的較量，兩年之後，他終於收購了海濱聯合石油公司下屬的一家控股公司的40％股份，並順利地成為海濱聯合石油公司的董事會成員。

一九三六年，美國開始從嚴重的經濟危機中掙扎出來，石油股票價格也逐步回升。格蒂4年以前以每股2.5美元收購的股票價格已漲到20美元一股；到一九三六年年底，海濱聯合石油公司的股票已漲到29.5美元一股。這樣一來，格蒂家族的財富便陡然增長了好幾倍，連一向反對購買股票的母親也不得不為兒子的遠見卓識大表嘆服。

此後的十多年裡，格蒂又不斷地擴大他的股權。到二十世紀50年代初，海濱聯合石油公司的董事會裡除一人之外，其他的董事都是在格蒂的股份下產生的。事實上，格蒂已經完全佔據了該公司。

二戰結束，美國經濟迅速繁榮，汽油的需求量直線上升，本國的原油已無法滿足市場的需要，美國的石油商們開始向國外拓展，主要是向中東地區尋求發展。格蒂也想向外擴張。但當時中東地區已被英國石油公司、荷蘭皇家殼牌石油公司、新澤西美孚石油公司和海灣石油公司等七家大公司所控制，要想插上一腳談何容易？

誰也不會想到，格蒂最後看中了沙特和科威特之間一塊不毛之地。這是一個屬於兩國共管的中立區，是一大片人跡罕至的沙漠。格蒂的石油地質學家駕著飛機從空中觀察地形地貌，斷定那下面埋藏著石油。經過談判，格蒂獲得了60年石油開採特許權，但他必須滿足沙特提出的苛刻的條件，要冒極大的風險。美國不少石油人士公開指出，格蒂這樣做注定是要破產的，他們認為那裡根本不可能出油。

格蒂卻信心十足，他首先付給沙特國王950萬美元現款，此外，即使沒有石油，他每年也要付給沙特100萬美元。而最令人吃驚的是，他竟答應每生產一桶石油付給沙特高達55美分的開採稅，這比其他石油公司付給科威特的每桶22美分多出一倍半。他敢於這樣做，是因為他認為在沙特開採石油成本低廉，而且石油價格必定會上漲。他堅信那塊地從長遠來看是必定能賺大錢的。

為此，格蒂在四年裡先後投下了四千萬美元，但只產出少量劣質油。石油界人士的預言似乎已經被驗證了，連格蒂本人也顯露出焦躁不安的情緒。但皇天不負苦心人。在經歷了四年之久的不斷挫折之後，成功突然降臨了，一九五三年2月10日，在一塊隆起的高地上鑽的第六口井在距地表三千四百八十二英尺處發現了含油砂層，接著開始向外噴油。格蒂的命運由此徹底扭轉，美國《幸福》雜誌稱這一發現是「偉大的、歷史性的。」高產油井被一口接一口地打了出來，一個月內，格蒂公司的股票從23.75美元猛然上升一倍多，格蒂的財富又開始成倍地增加。

據石油地質學家們保守估計：格蒂在沙特的油田儲油量在數億桶以上。一九五七年，格蒂的資產就已超過10億美元。這一年，《幸福》雜誌列出美國最富有的人名單時，格蒂名列榜首。在一個個石油開採專家的眼裡，他們多年的經驗是準確的，所以當格蒂在他選的土地上四年內打不出像樣的油井時，他們認定格蒂必將破產無疑。然而，經驗又如何能比科學更準確呢？格蒂的信心正是來自他對科學的信任。

10．巧婦能為無米之炊

人們習慣於把商場比作戰場。用兵作戰的最高境界是謀略的較量，所謂的兵不厭詐。同樣，在商場上，善用謀略往往也能產生「柳暗花明」、「起死回生」、「以少勝多」的奇蹟。盡管商場上講究資本的實力，而這一點卻恰恰是一些胸懷大志的人所不具有的。他們沒有因此困境羈絆自己前進的步子，而是憑藉自己的冒險精神，充分發揮思維的作用，以智取勝。當在生意中遇到了意料不到的困難、挫折或強大對手的競爭時，謀略的作用顯得尤為重要。在生意起步階段，迅速打開市場顯得尤為重要。如何從一個沒沒無聞的小公司發展成為大眾注意的一個焦點？你必須運用智謀。

一九八四年洛杉磯奧運會之前的歷屆奧運會僅是一項世界性的體育活動。對一個國家一個城市來說：舉辦奧運會的確是一種光榮，但同時也是一場災難，一場財政上的災難。洛杉磯在一九三二年曾經舉辦過一次奧運會。那種大規模的浪費幾乎是無法避免地導致巨額虧損，以後在其他國家舉辦的每一次奧運會都是如此。盛會過後，除了顯示國家的實力外，就是給舉辦國留下一大筆債務。

一九七二年，第20屆奧運會在聯邦德國的慕尼克舉行，最後欠下了36億美元的債務，很久都沒有還清；一九七六年，第21屆奧運會在加拿大的蒙特利爾舉行，最後虧損了10多億美元，成了當地政府的一個大包袱。直到今天，蒙特利爾人還在繳納「奧運特別稅」；一九八〇年，第22屆奧運會在蘇聯的莫斯科舉行，蘇聯財大氣粗，比上兩屆舉辦城市耗費的資金更多，一共花掉了90多億美元，造成了空前的虧損。

在這種情況下，一九八四年的奧運會沒人敢問津，還是美國的洛杉磯看到沒有人敢接這個燙手的「山芋」，就以惟一申辦城市「獲此殊榮」，企圖通過這種方式來顯示其泱泱大國的實力。可是等「奪取」到了奧運會的舉辦權後不久，美國政府就公開宣布對本屆奧運會不給予經濟上的支持，接著洛杉磯市政府也說，不反對舉辦奧運會，但是舉辦奧運會不能花市政府的一分一厘……在此困境下，洛杉磯奧運會籌備小組不得不向一家諮詢公司求助。希望這家公司尋找一位高手，在政府不補貼一分錢的情況下舉辦好這次奧運會。

這家公司動用了他們蒐集的各種資料，根據奧運會籌備組提出的要求，開動電腦進行廣泛搜尋，最後確定了人選：彼得・尤伯羅斯。

彼得・尤伯羅斯是何許人也？電腦對他為何如此青睞？

彼得・尤伯羅斯，一九三七年出生於伊利諾斯州的埃文斯頓一個房產商的家庭；大學畢業後在奧克蘭機場工作，後來又到夏威夷聯合航空公司任職，半年後擔任洛杉磯航空服務公司副總經理。

一九七二年，他收購了福梅斯特旅遊服務公司，改行經營旅遊服務行業。一九七四年，他創辦了第一旅遊服務公司，經過短短四年的努力，他的公司就在全世界擁有了二百多個辦事處，手下員工一千五百多人，一躍成為北美的第三大旅遊公司，每年的收入達2億美元。

尤體制改革羅斯的這些業績不能說是驚天動地，但是他非凡的管理才能由此可見一斑。因此，彼得・尤伯羅斯擔起了這副重擔，擔任了奧運會組委會主席。可是，剛一上任，尤伯羅斯就發現組委會幾乎是個空殼子，既沒有辦公室，也沒有辦公用具，銀行裡也沒有它的帳號，一切都幾乎是零。尤伯羅斯自己拿出1萬美元，在銀行立了戶頭，又租下一所房子作為組委會臨時辦公之用。兩個月以後，他們才在庫爾漢大街的一處由廠房改建的建築物裡正式落下腳。

一開始，許多人都為尤伯羅斯捏了一把汗。經過深思熟慮，尤伯羅斯決定一改以往的做法，充分利用現有設施，儘量避免大興土木營造新建築，並且利用一個最省錢又直接的方法：由贊助者提供各個項目最優秀的設施。而贊助者得到的是無與倫比的最佳宣傳效果。這種在互利基礎上解決財政困難的方法無疑是一個創舉。

通過這一舉措，尤伯羅斯將大眾舉辦奧運會的熱情鼓動了起來，由此樹立起奧運會的精神支柱；將舉辦奧運會與社會經濟生活連接起來，獲得了眾多企業的支持。此後，尤伯羅斯連下三招妙棋：

第一招：拍賣電視轉播權。彼得・尤伯羅斯是這樣分析的：全世界有幾十億人，對體育沒有興趣的人恐怕找不到幾個。很多人不惜花掉多年積蓄，不遠萬里去異國他鄉觀看體育比賽。

但是更多的人是通過電視來觀看體育比賽的。因此，事實證明，在奧運會期間，電視成了他們不可缺少的「精神糧食。」很顯然，電視收視率將大大提高，廣告公司也因此會大發其財。彼得・尤伯羅斯看準了，這就是舉辦奧運會的第一桶金子。他決定拍賣奧運會電視轉播權！這在奧運會的歷史上可是破天荒的。

要拍賣就要有一個價格，於是有人就向他提出最高拍賣價格1.52億美元。尤伯羅斯一笑說：「這個數字太保守了！」

手下的人都用一雙驚奇的眼睛望著他。這些人都一致認為，1.52億美元都已經是天文數字了，那些嗜錢如命的生意人能夠拿出這樣一大筆錢就已經不錯了。大家都用懷疑的眼光看著他，覺得他的胃口也太大了。

精明的尤伯羅斯早就看出了這一點，不過只是笑了一下，沒有做過多的解釋。他知道，這一仗關係重大。於是，他決定親自出馬，來到美國最大的兩家廣播公司進行遊說，一家是美國廣播公司（ABC），一家是全國廣播公司（NBC）。同時，他又策劃了幾家公司參與競爭，一時間報價不斷上升。出乎人們的意料，就這一筆電視轉播權的拍賣就獲得資金2.8億美元。真可以說是旗開得勝！

第二招：拉贊助單位。在奧運會上，不僅有運動員之間的激烈競爭，還有各個企業之間的競爭，因為很多大企業都企圖通過奧運會宣傳自己的產品。從某種程度上說，這種競爭的激烈程度常常會超出運動場上競爭的激烈程度。

為了獲得更多的資金，尤伯羅斯想方設法加劇這種競爭。於是奧運會組委會做出了這樣的規定：本屆奧運會只接受30家贊助商，每一個行業選擇一家，每家至少贊助400萬美元，贊助者可以取得在本屆奧運會上某項產品的專賣權。

魚餌放出去之後，各家大企業都紛紛抬高自己的贊助金，希望在奧運會上取得一席之地。在飲料行業中，可口可樂與百事可樂是兩家競爭十分激烈的對頭。在一九八〇年的冬季奧運會上，百事可樂獲得了贊助權，出盡了風頭，此後百事可樂銷量不斷上升，嘗到了甜頭。可口可樂對此耿耿於懷，一定要奪取洛杉磯奧運會的飲料專賣權。他們採取的戰術是先發制人，一開口就喊出了一千二百五十萬美元的贊助標碼。百事可樂根本沒有這個心理準備，眼巴巴地看著別人拿走了奧運會的專賣權。

富有戲劇性的是，在美國，乃至在全世界，柯達公司都認為自己是「老大」，於是擺出「老大」的架子，與組委會討價還價，不願意出超過400萬美元的價格，拖了半年的時間也沒有達成協議。日本的富士公司乘虛而入，拿出了700萬美元的贊助費買下了奧運會的膠捲專賣權。消息傳出後，柯達公司十分後悔，把廣告部主任給撤了。

不用細細敘述。經過多家公司的激烈競爭，尤伯羅斯獲得了3.85億美元的贊助費。他的這一招的確比較兇狠：一九八〇年的冬季奧運會的贊助商是381家，總共才籌集到了900萬美元。

第三招：「賣東西。」尤伯羅斯的手中拿著奧運會的大旗，在各個環節都「逼」億萬富翁、千萬富翁、百萬富翁及有錢的人掏腰包。

火炬傳遞是奧運會的一個傳統項目，每次奧運會都要把火炬從希臘的奧林匹克村傳遞到主辦國和主辦城市。一九八四年美國洛杉磯奧運會的傳遞路線是：用飛機把奧運火種從希臘運到美國的紐約，然後再進行地面傳遞，蜿蜒繞行美國的32個州和哥倫比亞特區，沿途要經過41個城市和將近一千個城鎮，全程高達1五千公里，最後傳到主辦城市洛杉磯，在開幕式上點燃火炬。

尤伯羅斯為首的奧運會組委會規定：凡是參加火炬接力的人，每個人要交三千美元。很多人都認為，參加奧運會火炬接力傳遞是一件人生難逢的事情，拿三千美元參加火炬接力——十分值得。就是這一項，他又籌集了三千萬美元。

奧運會組委會規定：凡是願意贊助五千美元的人，可以保證在奧運會期間每天獲得兩人最佳看臺的座位，這就是一九八四年美國洛杉磯奧運會的「贊助人票」。

奧運會組委會規定：每個廠家必須贊助50萬美元才能到奧運會做生意，結果有50家雜貨店或廢品公司也出了50萬美元的贊助費，獲得了在奧運會上做生意的權利。此外，組委會還製作了各種紀念品、紀念幣等，到處高價出售……

尤伯羅斯就是憑著手中的指揮棒，使全世界的富翁都為奧運會出錢，他則不斷地把錢掃進奧運會組委會的腰包裡。結果，美國政府和洛杉磯市政府沒有掏一分錢，最後卻盈利2.5億美元，創造了一個世界奇蹟。

敢於創新的尤伯羅斯大膽地打破了一個奧運史上形成已久的慣例：以前，無論是廣播還是電視轉播體育節目一向都是不收費的，而自這一屆奧運會起開創了買賣體育節目轉播權的先例。他在這一項上的收入是七千萬美元，分別將轉播權賣給了美國、澳大利亞和歐洲等一些國家和地區。從此，世界各國都把奧運會的舉辦權看成是一座寶藏的鑰匙，千方百計爭奪。

第23屆奧運會已經過去多年了，但人們不會忘記那次奧運會的閉幕式上，國際奧委會主席薩馬蘭奇給尤伯羅斯佩戴象徵著奧林匹克最高榮譽的金質勳章的鏡頭，它將永遠銘記尤伯羅斯為世界奧運史所做的開創性的貢獻。尤其是他不花政府一分錢，成功地舉辦了一九八四年洛杉磯奧運會，使他成為美國人心目中開拓者的代表形象。

尤伯羅斯之所以受命於危難之際而最後創造了奇蹟，關鍵就是他的奇思妙想，他善於謀劃，善於發現市場的競爭點。

第3章

領導者必修的功課是什麼？

要成為一位成功的領導者，不單要努力，更要聽取別人的意見，要有忍耐力，提出自己意見前，更要考慮別人的見解，最重要的是創出新穎的意念。……作為一個領袖，第一、最重要是『責己以嚴，待人以寬』；第二、要令他人肯為自己辦事，並有歸屬感。機構大必須依靠組織，在二、三十人的企業，領袖走在最前端便最成功。當規模擴大至幾百人，領袖還是要去參與工作，但不一定是走在前面的第一人。再大便要靠組織，否則，便遲早會撞板，這樣的例子很多，百多年的銀行也一朝崩潰。

——李嘉誠如是說

李嘉誠認為，人生目標的達成是一個漫長的、充滿艱辛的過程，需要將各種能力，包括好奇心、想像力、創造力、進取心、潛力和行動能力等緊密結合起來，特別是要培養自己的領導才能。李嘉誠說：「小企業每樣事情可以親身處理，而中型大型企業，則一定要有組織。而最難做到的就是建立一個良好的信譽，建立主要行政人員對公司的信任，令他們知道在公司會有更好的前途及工資。而這一切都取決於企業領導人的領導能力。」為什麼這樣說呢？因為「一個總司令等同是一個集團的統帥，最重要的是懂得運用戰略便可以了！這在整個組織最為重要，對機關槍手及炮兵的工作不應插手，因為這是他們的工作……就如在戰場，每個戰鬥單位都有其作用，而主帥未必對每一種武器的操作比士兵熟，但最重要的是首領亦十分清楚每種武器及每個部隊所能發揮的作用。統帥只是明白整個局面，才能做出出色的統籌和指揮，使下屬充分發揮最大的長處以及取得最好的效果。」

1．領導才能是幹大事業不可或缺的

如何管理好自己龐大的商業帝國，李嘉誠自己說：「美國科學化的管理有它的優

統帥只是明白整個局面，才能做出出色的統籌和指揮，使下屬充分發揮最大的長處以及取得最好的效果。

點，可以應付急速的經濟轉變，但沒有感情，在業績不好時進行大規模裁員，我們做不出，因會令員工沒有安全感，及導致很多人突然失業。我們糅合兩者的優點，以外國人的管理方式，加上中國人的管理哲學，以保存員工的幹勁及熱誠，我相信可以無往而不利。」對於諸多西方現代管理大師，李嘉誠最佩服傑克・韋爾奇。

當45歲的傑克・韋爾奇執掌通用電氣時，這家已經有117年歷史的公司機構臃腫，等級森嚴，對市場反應遲鈍，在全球競爭中正走下坡路。按照韋爾奇的理念，在全球競爭激烈的市場中，只有在市場上領先對手的企業，才能立於不敗之地。韋爾奇重整結構的衡量標準是：這個企業能否躋身於同行業的前兩名，即任何事業部門存在的條件是在市場上「數一數二」，否則就要被砍掉——整頓、關閉或出售。

於是韋爾奇首先著手改革內部管理體制，減少管理層次和冗員，將原來8個層次減到4個層次甚至3個層次，並撤換了部分高層管理人員。此後的幾年間，砍掉了四分之一的企業，削減了10多萬份工作，將350個經營單位裁減合併成13個主要的業務部門，賣掉了價值近100億美元的資產，並新添置了180億美元的資產。

有變革就有犧牲，有創新就有代價。當時正是IBM等大公司大肆宣揚雇員終身制的時候，從通用電氣內部到媒體都對韋爾奇的做法產生了反感或質疑。也正是由於不為所動的鐵腕裁員行動，韋爾奇還得了個「中子彈傑克」的綽號。

多年後，韋爾奇為當年的決斷尋找的理論依據是：這是一個越來越充滿競爭的世界，遊戲規則在發生變化。沒有一個企業能夠成為安全的就業天堂，除非它能在市場競爭中獲勝。更讓韋爾奇自豪的是：「在通用電氣，我不能保證每個人都能終身就業，但能保證讓他們獲得終身的就業能力。」

作為一名不折不扣的實用主義者，韋爾奇堅信達爾文主義是市場競爭中亙古不滅的真理：種群中只有最強壯的角馬才能躲過獵豹的捕殺；市場中只有最強壯的企業才能生存。如果某項業務不能做到「數一數二」（Number One，Number Two），那麼對不起，關閉它或賣掉它。根據其著名的「感冒理論」，韋爾奇認為，如果市場中數一數二的企業出現了「感冒」的症狀，那麼排在第四第五位的企業將會得癌症。為此，他不斷地關閉或賣掉那些「爺爺輩」的、甚至是標誌性的業務和部門——僅僅是因為它們不能處於領先地位。同時，又買入一些令人不可思議的企業——幹什麼不重要，要緊的是能夠做到數一數二。

儘管傑克・韋爾奇被人們讚譽為「世界上最偉大的管理者」，但他卻非常討厭「管理者」這個稱號，因為他不喜歡和「經理」聯繫在一起的「管理」這個概念。傑克・韋爾奇更偏愛「領導者」這個詞，在韋爾奇的觀念裡，領導者是那些可以清楚地告訴人們如何做得更好，並且能夠描繪出遠景構想來激發人們努力的那種人，韋爾奇說：「管理者使公司經營各項活動變得遲緩，領導者則促進公司業務平穩、快速發展。二十世紀90年代的世界將不再屬於經理人員，這個世界將屬於那些熱情而有魄力的領導者。」

「過去的經理人往往習慣於接受妥協，習慣於按部就班的思考模式，然而，這種心態正是養成自滿的溫床；未來的領導人將是主動提出問題，並加以討論，然後解決它們。未來的領導人決不會畏懼和現實抗爭，因為他們知道將在明日獲得群眾的心。」

傑克・韋爾奇覺得，「管理者」這個詞的言外之意就是指這種類型的管理者，他們「控制而不是幫助下屬，善於把問題複雜化而不是簡單化，行事的作風更有政府的官僚風範，而不像是在促進事情順利發展。」

對傑克・韋爾奇來說，一個好的領導者遠不只是一個好的商人，而是更多地與精力、激情及激勵能力等諸如此類的因素聯繫在一起。充滿激情的這一類領導者往往容易得到韋爾奇的嘉許。對於理想中的領導者，傑克・韋爾奇有過許多精闢的論述：

「他應有能力為他們公司的發展做出遠景規劃，而且思想與行動統一起來。此外，他必須能夠向本單位的人清楚地傳達這個遠景規劃，並通過傾聽討論來獲得一個可接受的共識。這樣每一位成員就可以不間斷地履行這些共識，朝即定的目標邁進。」

「最重要的，好的領導者要能非常放得開。他們必須善於上下溝通去與人接觸；他們不會拘泥於禮儀，他們會與人們直率往來，讓人感覺容易親近。」

「身為一個領導者，你不能成為一個中庸的、保守的，思慮周密的政策發射器，你必須具有些許狂人的形象。」

韋爾奇認為，多年以來「管理者」這個詞已經被扭曲成製造、增加官樣文章，但卻毫無價值的官僚主義者的代名詞，特別是無能的管理者更是如此，他們簡直是破壞企業的職業殺手。

因此，傑克・韋爾奇認為，應該把真正的企業「領導者」與「管理者」區別開來：「領導者，譬如羅斯福、邱吉爾和雷根，具有清晰的思路和想法，他們善於激勵和指引人們把事情做得更好。相反，某些管理人員卻總是裹纏在雞毛蒜皮的小事情中，把簡單的問題搞得十分繁瑣。這樣的管理者往往把強詞奪理、自視清高、自以為是等作風與『管理』混同起來。他們根本不懂得激勵下屬的重要性。我很不喜歡『管理者』這個詞所隱含的這些特徵——控制員工的行動、禁錮員工的思維、封鎖員工的資訊，用一堆堆

身為一個領導者，你不能成為一個中庸的、保守的，思慮周密的政策發射器，你必須具有些許狂人的形象。

無聊的事情和永無休止的報告浪費員工的寶貴時間等等。這樣的管理者早晚會壓斷下屬的脖子，而對於樹立下屬們的自信心，則毫無意義可言。」

那麼，真正的公司領導者應該是如何對待下屬的呢？典型的傑克・韋爾奇主義思想就是：「真正的企業領導者賦予下屬充分發揮的自由空間，鼓勵他們自己發揮潛能，去『贏』、去獲得成就，並及時地獎勵他們所獲得的成果。」

傑克・韋爾奇強調一個好的公司領導者，不會去操作一家公司。因為對管理者來說，「操作」不是正確的詞彙。「我不操作通用，我領導通用。」

傑克・韋爾奇經常說，「我向來不喜歡『管理』這個詞，實際上，真正的領導者從來不缺乏這種能力。」因為「管理者」這個詞總讓人想起控制等一類的詞語，總給人一種冷冰冰的、漠不關心的、迂腐守舊、缺乏熱情的感覺。

一名富有遠見的公司領導應該「創造一種氛圍，一種環境，一種機會，或者是一種精神境界，使身處其中的每一位成員都能夠從中汲取充足的營養並受到教育，從而得到成長，並提高自己的遠見和能力。這便是一個公司領導應該努力提供給員工的東西。如果你已經營造出一種環境，一種開放的環境，一種人人都滿意的環境，一種人人都願意同舟共濟的環境……那麼，還有什麼能夠阻止你獲得成功呢？人們常常問我：『難道你不怕失控嗎？你將無法衡量事情的好壞！』我想，對於這樣的環境，我們不可能失去控制。100多年來，通用電氣已經具有了所有衡量事物的準則，這些準則早已融入了我們每個人的血液。你說，我們還能失控嗎？」

韋爾奇十分重視企業領導人的表率作用，他總是不失時機地讓人感覺到他的存在。他向直接的彙報者到小時工等幾乎所有的員工發出的手寫便條具有很大的影響力，因為這些便條給人以親切和自然感。韋爾奇的筆剛剛放下，他的便條便通過傳真機直接發給他的員工了。兩天之後，當事人就會收到他手寫的原件。他手寫的便條主要是為了鼓勵和鞭策員工，還經常是為了促使和要求部下做什麼事。

韋爾奇認為，挑選最好的人才是領導者最重要的職責。他說：「領導者的工作，就是每天把全世界各地最優秀的人才延攬過來。他們必須熱愛自己的員工，擁抱自己的員工，激勵自己的員工。」

從個人財富來說，傑克·韋爾奇算不上什麼大款，但「全球第一CEO」和「企業界一代宗師」的殊榮，也足夠讓這個67歲的老人安度晚年了。

領導才能，包括了前述的統帥能力、意志能力、應變能力、疏通協調能力、語言表達和專業技術能力、創新開拓能力等等，是一個內涵十分豐富而又極其複雜的綜合概念。它在形成和發展過程中，必然要受到其他各項內在要素的明顯制約和影響。因此，領導人才在鍛鍊和培養自己的創造才能時，就不能局限於單純從成才的方面去尋求提高的捷徑，而必須在多方面打好扎實的基礎，付出艱苦的努力，以求得創造才能的綜合性提高。

一、領導人才必須是戰略家

現代市場，已不是狹隘的市場，它沒有國界限制，沒有意識形態限制，是國際性的世界大市場。市場的變化要受經濟、政治、自然等諸多因素的影響。一個企業要想在開放的國際市場上求生存、求發展，企業經營管理人員必須有戰略眼光，根據外部環境的變化或者說將來的變化做出企業戰略，它影響著企業發展中帶有全域性、長遠性和根本性的問題。

二、領導人才必須是一位宣傳鼓動家

經營管理人員要高瞻遠矚，明晰動靜，運用思想家、演說家、評論家的天才，闡述觀念，扭轉看法，鼓舞士氣，引導眾人形成明確的價值觀。從而使企業內部全體員工產生持久的凝聚力，並在組織外部社會大眾的心裡植下一種親切友好的形象，使企業有一個輕鬆的外部環境和社會環境，更廣泛地傳播自己的企業文化，提高自己企業的知名度和無形資產。

三、領導人才必須敢於創新

一個人如果沒有創新精神，不敢冒風險，就談不上開拓。只有敢闖敢幹，敢於試驗，敢於冒險，才能走出新路，幹出新的事業。艱苦創業精神也是很重要的。一個人光想不做，遇到困難就退避三舍，沒有一種拼博精神，永遠也不會夢想成真的。

四、領導人才必須充分顯示自己的個性

領導人才最重要的內在素質，歸結到一點就是個性。個性能使人的才幹增添無比的光彩。領導才能的鍛鍊和培養，除了通過平時學習之外，還有以下兩種途徑：在實踐中增長才能。分析判斷能力、決策能力、應變能力、知人善任能力、表達能力等等都需要通過實踐的鍛鍊來培養。實踐能夠增長才能。但是對於不同的人來說，每次實踐活動所培養的才幹卻往往是不一樣的，這裡就有一個實踐的「效率」問題，善於從實踐中鍛鍊

和培養才能的領導，都能在實踐中多看，多思，多問，多記，反覆檢驗，反覆調查，不斷總結，吸取教訓。

在競爭和自我否定中增長才能。競爭對人能起到激勵的作用。競爭能產生壓力，壓力又變為動力，在動力的推動下，競爭雙方都提高了能力。自我否定，就是一種同自己的競爭。「今天的我，一定要勝過昨天的我。」這就是一種自我否定。比如，昨天的演說和今天的演說相比，今天是否有些長進？昨天找一個職工談話，不到五分鐘就談崩了，今天再找他談話，能使他醒悟嗎？我去年能管好五百人的企業，今年能管好兩千人的企業嗎？……通過這種自我否定，也能激勵自己迅速增長能力。

2．集中你的注意力

一個人一旦集中注意力，就能調整自己的思想，使它能接受空中的所有思想波。這樣，整個世界都將是一本公開的書籍，任你隨心所欲地翻閱，吸取你認為有用的精華，棄其糟粕。甚至在一種極不平常的情形之下，只要我們能找著另一個專心的物件，我們還是能保持泰然自若的態度。

我們每個人都有這樣的毛病：常常認為自己是被注意的中心，老是認為別人在注意自己。然而事實並非這樣。每當我們戴一頂新帽子或穿一件新衣時，總以為眾人都在注目了。實際上這完全是自己的臆想，自己的主觀感覺。自己怎麼會知道別人的想法呢？別人或許也正和我們一樣正受到別人的注目呢！並且倘若人家真注意我們。那大概也是由於我們的自我感覺使我們表現出了一種可笑的態度，而非衣服。所以有時候聰明反被聰明誤。

同樣的道理也能夠應用在許多別的情形上。倘若你十分專心於你的工作，你將會全神貫注地投入。別人也不能讓你感覺不安，因為你甚至不覺得有人在你旁邊，假如有人看你工作使你感覺不安，那可能是因為你工作做得還不夠令自己滿意，解決的方法就是專心去做得更好些，而不要勉強克制自己的不安。如果你知道自己做得很不錯，大家看你時，你便不會感覺不安，反而覺得很自豪；你不安是由於你怕工作做得很糟糕，怕出錯，怕出醜。怕其他人看出你隱蔽的思想，這樣會使你臉紅手顫、聲音戰慄，以致工作會做得更糟，而工作做得更糟會導致加倍的自卑與羞愧，這就形成了一種惡性循環。

專心想到自己是不能增加做事的效率或減少自我感覺的，專心想到工作卻能做到。自我的感覺強烈完全是由於想自己，或者從另一角度而言，對自己要求太苛刻。克制的

自我的感覺是臆想的一種形式，無論是自我感覺不錯也罷，自我感覺很差也罷，實際上，很大一部分原因是源自對他人的看法。

方法就是不想自己。

那麼，就要尋一點別的事來想，尋找一件代替品，想自己的習慣就可輕易地除去。如果你做一件工作，你只沉醉於工作，便無暇顧及到自己。假使你演說時只想著你所說的，以及聽眾的反應，而不是想你自己，你就不會結巴、忘詞兒、臉紅。

自我的感覺是臆想的一種形式，無論是自我感覺不錯也罷，自我感覺很差也罷，實際上，很大一部分原因是源自對他人的看法。但是，我們必須想到，別人都有別人的事情要忙，有時他們都無暇自顧，又何談去刻意地注意別人？知道了這一點，你在別人面前便會自在得多。你要真誠溫柔，和藹可親，那樣你和別人在一起時便不會感覺不舒服。別人看見你對他們友好，也會感覺十分愉快。這種方法還可以培養你安閒、瀟灑的氣度。然而，矯飾和假裝冷漠並不是安閒的氣度。態度要自然，這是最起碼的一點，不可把自己看得太重，這是最重要的一點。

只有頭腦冷靜，方能集中精力。有些時候，你是不是有這樣的感覺：頭在不斷地旋轉而無法讓注意力集中；感到困惑不安，自己不容易控制自己的情緒；無法客觀地思考問題，對一些事總感到害怕或擔心？在這個時候，你需要清晰的思路來說明你取得所期望的結果，首先就要使自己的頭腦冷靜下來，集中精力，使大腦在思考問題時，全神貫注，從而做到井井有條。

倘若你的思維不自覺地轉移到那些令人分散注意力使人苦惱的事上（這些事包括過去已發生、現在也許發生或將來會發生的事），那麼，你並沒有把你的注意力集中於你手頭的工作上。正由於這樣，在不少情況下，我們會做出不正確的決定，無法幹好自己的工作。

選擇使頭腦冷靜下來，有助於你清除大腦中產生壓力的想法，如害怕、擔心、消極的態度等。能夠避免分散注意力的交談，並且讓你重新得到對自身大腦的控制。無論何時何地幹何種工作，只要你把注意力集中於手頭上的事情，你就能放鬆自己，你的大腦細胞就更活躍。

清除頭腦中分散注意力、產生壓力的想法，令你的思維完完全全地融入當前的工作狀態，把你的注意力集中在平靜的、你能得心應手的事情上，這三個基本思想會給你另一個關於現實的綜合觀點，會讓你對自己，對別的所有的事情感到更舒服，更順暢，在為人處事方面更加得心應手，事半功倍。可見，集中精力對於我們的工作是十分關鍵的，要想把工作幹好，非得做到這一點不可。

當你感到無法集中精力、不能清晰地思考時，或是墨守成規、不思進取時，或是無

只要你把注意力集中於手頭上的事情，你就能放鬆自己，你的大腦細胞就更活躍。

法排除頭腦中的憂慮或擔心時，或是當你想擺脫一件工作而開始另一項工作時，或是事倍功半而目的卻仍無法達到時，你可以告訴自己，我心情平靜，我一進入工作就能集中精力，我一整天都能保持冷靜、沉著、有自控力。我很高興擁有清晰的頭腦和放鬆、沉著的態度，我能集中注意力，清晰地、有條理地、富有創造力地思考問題，我今天一天的工作將會取得高成效。

精神上的壓力和緊張，對一個人身體和大腦損傷不少，使你很不容易把注意力集中於手頭上的任務，無法清晰地思考、出色地工作，尤其是當你處於緊張狀態時，所以你必須設法克服它。

清除頭腦中分散注意力、產生壓力的想法，集中注意力，使自己完全沉浸於此時此刻；清晰地思考，要富有創造力，做一些有品質的決定。選擇那些能不讓自己沉湎於分散注意力和產生壓力的關於過去或現在或將來的想法，這些想法阻礙自己的思維過程，擾亂自己的思維方式，讓自己無法專心、直接地思考問題，使自己做出太匆促、太魯莽的決定，或是根本就無所適從，不知做什麼決定才好。這些東西，你必須克服它，才能有可能做好工作，清楚這一點很關鍵。

做出明智的選擇相當於成功了一半。這裡有一些具體的行動有助於你使用正常的能力選擇，使你頭腦冷靜，態度沉著，泰然自若，樂觀向上，工作高效，健康樂觀。

在一天中經常使大腦得到短暫的休息。只有會休息的人才會工作。研究證明，倘若人們在一天中經常能夠緩解壓力，並得到適當的休息，那麼他們的工作效率將會被提高很多。通過休息來加快速度和改進自己的工作，這是一種很科學的工作方法。用這種方法，他們暫時地轉移了注意力，從舊框框、老套套中解脫了出來，解放了創造力，激發了靈感。

停止工作，讓大腦得到休息，是重新控制、重新組合思維的有效方法。工作中，倘若你感到大腦有些不靈活，不能很好地思考問題或不容易集中注意力時，停止你手中的工作，讓大腦得到片刻休息，站起來，伸伸懶腰，喝杯水，和別人聊幾句，或者坐在一張舒適的椅子上，看一些有趣的、輕鬆的讀物。

出去呼吸一下新鮮空氣，看一些美麗的、令人愉快的景色，或者躲到一個清靜的地方。參加一項與你的工作無關的活動，這樣你的大腦就會慢慢沉浸在輕鬆有趣的活動之中，綳緊的弦才會鬆弛下來，休息片刻。如此做，能打斷精神壓力逐漸積聚起來的危險過程，讓它稍稍緩和並釋放一下，然後再重新恢復你的大腦能力，這樣才能更有活力。

倘若你的工作迫使你不得不整天地坐在辦公桌旁，那麼你就在適當的時候做些適當

通過休息來加快速度和改進自己的工作，用這種方法，他們暫時地轉移了注意力，從舊框框、老套套中解脫了出來，解放了創造力，激發了靈感。

的運動。只要靠在椅背上，閉上眼睛，肌肉完全放鬆，慢慢地做幾下深呼吸；或者找空當活動，在辦公室電話機旁有多種毫不複雜的健身運動能夠做，在午後做幾分鐘，即可緩解疲勞，放鬆精神，恢復體力。

一旦你已感覺精神上有了壓力，那麼趕快採取這些措施吧！它會給你一個出乎意料的驚喜。把你的注意力集中在某個具體、令人愉快、平靜的事物上，一分鐘之內，便可擺脫精神上的緊張。

一天傍晚，安培獨自一人在街上散步。忽然，他想起了一道題目，於是就疾步向前面的一塊「黑板」走去，並隨手從口袋裡掏出粉筆頭，在「黑板」上演算起來。可是，不知什麼原因，「黑板」一下子挪動了地方，而安培的算題還沒有算完。他不知不覺地追隨在「黑板」後面，一面走，一面計算。「黑板」越走越快，安培追不上了，這時候他才看見街上的人都朝著他哈哈大笑。安培給弄得莫名其妙，但他很快就知道了，那塊會走動的「黑板」原來是一輛黑色的馬車車廂的背面。

一天清晨，安培去工業大學講課。一路上，他一邊低著頭走，一邊還在思考著科研中的某個問題，無意間看見路上的一塊小石子，形狀奇異，顏色也與眾不同，他覺得挺有趣。於是，俯身把小石頭拾了起來，翻過來轉過去，琢磨了半晌。這時，遠處的鐘聲敲響了，他猛地記起來還要去上課，急忙掏出懷錶：「糟糕，上課的時間快到了。」他趕緊加快腳步，向學校走去，但腦子還是全神貫注在原先正在考慮著的問題上。這時，他正走到巴黎的藝術橋上，忽然想起應該把石子扔掉，可是，他卻一隻手把小石子裝進了口袋，而另一隻手卻將懷錶當做石子往外一拋。只見他那只裝飾十分精美的懷錶，在空中劃出了一道「美麗的彩虹」，飛過大橋的欄杆，掉進了塞納河。

由此可見，「專心」本身並沒有任何神奇，只是集中自己的注意力而已。

3．發揮你的想像力

你應該盡可能地尋找實現理想的每條途徑。為此，你必須不斷地尋找一切對你有幫助的東西。要樂於嘗試新事物，到處尋找好主意。要善於觀察。在別的領域效果很好的主意，在你這裡也可能有用。全神貫注於你自己的理想，但對走哪條路才能實現理想，則應抱靈活的態度。實現理想必須有創新精神。一旦你對新觀念關上大門，你就不可能有創新精神了。

創新需要想像力。我們每個人都擁有不同程度的想像力。倘若缺乏想像力，工作與生活就會失去色彩的。想像力就是一個人的靈魂的創造力，是每個人自己的財富，是一個人在這個世界上惟一能夠自己絕對控制的東西。一切發明創造都是首先從你的想像開始的。

任何人只要能成功地運用他的想像力，就能夠成為一位天才。你倘若能正確使用你的想像力，它將協助你把你的失敗與錯誤變成價值連城的資產，也將引導你去發現一個只有使用想像的人才能知道的真理。

推銷員可以運用想像力獲得很好的效果：想像自己處於各種不同的銷售情況並可能遇到的問題，然後尋找解決的方法，直到確定在出現各種實際銷售情況時自己應當注意什麼、該做些什麼為止。一些卓有成效的推銷員，通過想像並結合自己實際的操作，取得了很高的工作業績。他們還深刻地得出以下的體會：

「每次你同顧客談話時，他說的話、提的問題或反對都是在一種特定的情境中的。倘若你總是能估計到他要說些什麼，並巧妙回答他的問題、妥善處理他的反對意見，你就能把貨物推銷出去。從古到今，不少成功者都曾自覺或不自覺地運用了「想像」和「排練實踐」來完善自我，獲得成功。

心理學家指出，你必須首先在內心認識一個事物，接著來完成它。當你在內心裡「看到」一個事物時，你的內在「創造性機制」就會自動把任務承擔起來，它完成這項工作要通過你有意識的努力或者「意志力」，我們稱其為「超意志力。」所以，你在做一件事時，不要過分地用有意識的努力或一般的意志去施加影響，也不要太擔心，不要總是不相信自己的內在的自覺意志力的正確性。

應當放鬆你的神經，不用緊張的力量來「幹這件事」，在心裡想著你真正要達到的目標，然後讓你的創造性成功機制承擔任務。但你並不能因此就不努力或停止工作，你的努力要用於向目標前進，而不是糾纏在無謂的心理衝突之中。這種心理衝突的結果是「想要」或者「嘗試著」做某件事時，內心想像的是其他事情。

心理學家指出，想像的方法有三類，也就是邏輯想像、批判想像和創造性想像。這三類想像的單獨或綜合運用，都能夠提供通往成功的正確途徑。你可以借助邏輯上的變換，從已知推出未知，從現在規劃出將來。在市場行銷及廣告策劃中，巧妙地運用邏輯想像，不但能產生非凡的宣傳效果，拓展市場，有時還可以緩解行銷者與消費者之間的矛盾，提高自己的信譽。

批判想像就是尋找某些不完善、需要改變的東西，然後進行想像構思。隨著時代的

變遷，社會的發展，總是會使原來本已完善的事情變得不完善。這時借用批判想像，可以彌補不足，糾正偏差。

創造性想像能夠使人產生全新的想法，它可能是現實中暫時還沒有的某種事物的形象，但現實生活仍是其產生的根據。可以說，你的成就，一切的財富，都始於一個意念。這裡的意念就是創造性想像力的產品。

喬治・伊斯曼，被譽為膠捲之父，一八五四年生於美國紐約。一八八一年1月，他通過節衣縮食省下的錢創立了照相機幹板製造公司（即伊斯曼・柯達公司的前身），同時，開始研究照相機的製造。經過7年的努力，他於一八八八年研製出了小盒型照相機「柯達第一號」，奠定了他成功的基礎。

「請你按下快門，其他的事由我們來做！」——「留住精彩瞬間！」——這些美麗而動人的廣告詞，便是伊斯曼・柯達這家擁有200多億美元資產總額的世界最大攝影器材公司做出的廣告語。柯達公司的彩色膠捲，幾乎全世界的攝影師和攝影愛好者都在使用。柯達幾乎達到了大眾化的程度。而這一切都來自柯達的創始人喬治・伊斯曼當年的想像力。

柯達的創始人喬治•伊斯曼以他無窮的想像力導演了一幕幕柯達公司的精彩瞬間，用其畢生的精力開創了「照相簡單化」、「攝影大眾化」的哲學。這個成功的積累，促成了柯達公司現在的高技術，促使其創造了令世人驚歎的輝煌事業。

一百多年過去了，這個世界性的名字，如今僅其商標的價值就要超過20億美金，而「請你按下快門，其他的事由我們來做」這句推銷界名言便是一八八八年6月小盒型照相機「柯達第一號」進入市場時所採用的第一句廣告話。當時這種小盒型的照相機售價只有20美金，人人都可以買得起，所以吸引了無數攝影愛好者。

一八八九年，公司改名為伊斯曼公司。兩年後，開始啟用伊斯曼•柯達公司這個名稱。創業之初，伊斯曼便確定了四條經營原則，即成本低廉、大批生產、大做廣告、面向世界。為了貫徹他的經營原則，廣泛推廣其產品，一八八九年，喬治•伊斯曼開始在英國倫敦開設伊斯曼照相器材公司；十九世紀末，大舉進軍世界市場，在德國、法國、義大利等歐洲國家設立了銷售機構，並很快在歐洲建立了一個銷售網。一八九五年，柯達公司以口袋式相機賣美金5塊錢驚動了整個社會，更奠定了伊斯曼•柯達飛速發展的基礎。到二十世紀初，柯達的產品已打入南美洲和亞洲。一九二七年，伊斯曼先後在英國、德國、加拿大、法國、澳大利亞五國建立了工廠，後來又在巴西建立了子公司，專

著名發明家愛迪生曾經說：「如果我們做出所有我們能做的，肯定地，它會使我們自己大吃一驚！

門生產感光紙，並在墨西哥建立了生產設施。同時通過五大洲的銷售公司或代理商，把商品賣給了115個以上的國家。此時，柯達公司的全體員工已超過10萬人，而伊斯曼的代理商及推銷機構幾乎遍及世界各地。

發揮想像力的一個重要途徑就是充分挖掘你的潛能。人人自身都有著無窮的潛能。潛能沒日沒夜地工作，以一種不為人知的程式利用著你無窮無盡的智慧力量，這種力量能夠把你的欲望轉化成你的物質等價物。

積極成功的心態會使人心想事成，而走向成功的原因，是因為每個人都有無窮的潛能等待開發；消極的心態會使人怯懦無能，而走向失敗的原因，是由於它使人放棄了偉大潛能的開發，讓潛能在那裡沉睡，白白浪費。

人們都渴望成功，如果說成功有祕訣的話，那就是，一切成功者都不是天生的，成功的根本原因是開發了人的巨大無比的潛能。只要你抱著積極心態去開發你的潛能，你就會有用不完的能量，你的能力就會越用越強。與此相反，倘若你抱著消極心態，不去開發自己的潛能，那你只有歎息命運不公，並且愈加消極愈加無能。著名發明家愛迪生曾經說：「如果我們做出所有我們能做的，肯定地，它會使我們自己大吃一驚！」

4．開發強烈的好奇心

人類的好奇心是與生俱來的，打從嬰兒喜歡注視著會發出聲響的鈴鐺開始，人的好奇心就再也沒有消失過。長大之後，逛動物園、看馬戲團表演、聽科幻小說，甚至把家裡的鬧鐘拆個七零八落，都是受好奇心驅使的緣故。

但是，許多人的好奇心都只是一閃而過，並沒有成為事業上成功的原動力。我們應該善用這個天賦，讓好奇心成為求知與創造力的來源。

伊薩克．牛頓在六、七歲時，進了斯基里頓的學校念書，沒有表現出什麼異常。在學校的時候，小牛頓並不像很有學習天賦的樣子。他一點都不淘氣，但並不愛學他的功課。他喜歡擺弄各種工具，對他來說，這些東西比文學、科學好像更有意義。只要他一接觸到工具，就把這些全忘了。小牛頓經常愛自己動手做一些尺子、盒子、脫靴器什麼的，常常給周圍的同學很大的幫助，加上他天性開朗活潑，所以，他雖然沒有在學習或者體育等方面名聞全校，但私底下大家都知道他，都喜歡這個聰明、愛動腦筋、動手能力強的孩子。但不久發生了一件事情，對小牛頓的一生都產生了影響。班級裡，有一個

許多人的好奇心都只是一閃而過，並沒有成為事業上成功的原動力。

很聰明、很有天分、成績數一數二的學生，因為平素得到老師寵愛，加上性格本就粗暴，所以對一般同學常常頤指氣使。一天，不知怎麼的，他突然對小牛頓看不順眼了，爭吵起來之後，他一腳惡狠狠踹在小牛頓的小肚子上。小牛頓覺得一陣劇痛，剎那間幾乎要跌倒，但他強忍住了疼痛，沒有還手，也沒有想用其他方法來報復。他幼小的心靈裡有一種高貴的想法：他要用更體面的方式來對待這個男孩對他的羞辱，維護自己的尊嚴，那就是在學習上超過他，證明自己比他更優越。

如果說我們覺得有什麼復仇是不應當譴責而要加以鼓勵的，那小牛頓選擇的方式無疑要列入其中。結果，從那時起，小牛頓在學習上就完全像換了個人一樣，特別勤奮、刻苦，每一門課程都專心致志，很快就超過了全班所有的同學，經常被老師點名表揚。

他的各方面成績都越來越好，遠遠把他原先的對手甩在了後面。小牛頓並沒有就此停下前進的步伐，也沒有轉而去嘲弄、羞辱他的對手。小牛頓12歲又轉入格蘭瑟姆的學校，繼續念書，很快就以自己的勤勉、好學、聰明而為全校師生所知，校長都了解他的情況，稱他是「一個安靜、理智、喜歡思考的孩子。」自那以後，「喜歡思考」就成了牛頓隨身攜帶的標籤，到處都知道他的這種品質。他一方面學業出色，每門功課都名列前茅，同時，他也非常注意發展自己的那些天賦傾向，學習、業餘愛好兩不耽擱。

有一次，距離學校不遠的一個地方，立起了一架大風車。整個安裝過程中，小牛頓著了迷似的，一直在旁邊觀看、比劃著。最後，風車建好的時候，小牛頓自己也建了一個風車模型出來，把它放在一座樓房的屋頂。大風刮起來的時候，模型和實際的風車轉得一模一樣，學校的老師還有其他的專家都稱讚他，誇他有了不起的天才，居然仿造得這麼出色。

也是在這所學校裡，牛頓做出了自己最早的一項發明：紙風箏。在當時，這種玩具在當地是沒有的，而牛頓的發明則是他的首創，它比仿造一個風車模型要難多了，需要認真的思考，需要真正的科學知識。牛頓造好之後，在全校引起了轟動。牛頓為了展示自己的成果，特意選了一個夜晚，又在風箏的尾部掛上了一個紙燈籠，然後讓它隨風飄到了天上，周圍的人看得目瞪口呆，半晌之後不禁齊聲喝彩。城裡還有很多人看到了這個奇怪的不明飛行物，不知道情況的人還把它當做了彗星或流星。

在格蘭瑟姆的時候，牛頓寄居在一個醫生家裡。牛頓很喜歡仰望天空，觀察天體的運行。就這樣，他根據日影在牆壁和屋頂上的移動，設計、發明了一台自己用的日晷，以後又不斷地改進，最後這台日晷計時簡直精確無比，醫生一家和鄰居都稱它為「小牛頓日晷。」牛頓畢業離開醫生家以後，他們家還一直用著這個工具。

不過，儘管牛頓有這種種的天賦，按照家人的預想，是希望他做個農夫的。於是，15歲的時候，牛頓離開學校，回到了家鄉，開始在農場裡幹活。不過，他對譬如怎麼栽種啦，怎麼施肥啦，怎麼收割啦，還有怎麼放牧、怎麼餵食這樣一些事情，全都心不在焉。每逢週末，他帶著自己家的農產品去格蘭瑟姆趕集，可是，心思也都不是放在生意上，總是一瞅空就跑到原來學校的操場上，拿出隨身帶著的書津津有味地讀起來，買賣全部交給僕人代理了。有時候，他甚至中途就停下來，讓僕人趕著騾馬進城，自己在路邊就在樹陰底下開始看書，直到天快黑了，僕人從集市上回來喊他回家為止。

很幸運的是，牛頓的天賦被他的一位舅舅發現了。這位舅舅是位牧師，一天，他看到牛頓蹲在籬笆邊上，全神貫注地讀著手中的書，竟絲毫沒有感覺到舅舅臨近的腳步聲。等到牧師看清楚孩子手裡拿的是一本數學教材，他是蹲在那裡演算一道數學題的時候，他簡直大吃一驚。他意識到，這個孩子身上可能蘊涵了一些非常特殊的東西，要讓他做一個農夫，有可能是糟踏了他的天才。於是，他立刻找到孩子的母親，也就是自己的妹妹，勸說她重新讓孩子念書，打消讓他做農夫的念頭。「送他上學，給他機會發展自己，他天生就是一個學者。」

於是，牛頓就又上學了。經過幾年的學習，最後他進入了劍橋的三一學院學習。在這所著名的高等學府裡，他再一次向周圍的師生展示了他的才華和勤奮。他體力充沛，可以廢寢忘食地投入到研究和學習當中。結果，還不到25歲，他就成為科學領域知名的學者，到了30歲，他就當選英國皇家協會會員——這是有史以來最年輕的一位會員。

這段時間，牛頓在機械和科學方面接二連三地做出了各種發明、發現，奠定了他在科學史和人類文明史上的名聲。從三一學院畢業不久，他開始專心致志打磨各種稜鏡，由此他造出了幾台天文望遠鏡，其中最精確的一台隨後被皇家協會收藏，至今仍保存在那裡。不久，倫敦發生瘟疫，牛頓不得不回到家鄉。但真是無巧不成書，他在鄉間的經歷又成就了他的另一個重大發現：重力定律。那天，他正在自己的蘋果園踱步，思考一些正在糾纏他的問題，突然，在他眼前，一個蘋果從樹上掉落下來，這件人們日常目睹過千千萬萬次的事情這一刻突然佔據了他的思維。由此，未來他所寫作的那部科學史上的巨著《原理》，其中基本的思想已經浮現在他的腦海。雖然書是過了16年以後才寫好、出版，但思想卻在他目睹蘋果下落的那一刻就有了雛形。著名科學家拉普拉斯曾評價《原理》說：「它的地位，超過了人類其他一切智力成果。」這裡，我們不必再一一去列舉牛頓科學上的貢獻，只需要再提一件事實：在他50歲的時候，整個社會已經把他看成一個「肉身的神靈」，認為他無所不知、無所不曉。另一方面，牛頓對神學也非常關注，對當時流行的一些神學爭論發表過自己的看法，並寫過兩篇公開發表的論文《對丹尼爾之預言和聖約翰之啟示的觀察》和《聖經中兩個著名腐敗案例之歷史說明》。當然，雖然他的神學論文也寫得非常透徹、深刻，但他在神學方面的影響遠不能和他在科學上的影響相比。

牛頓做出如此的成就，享有如此的名聲，但從不傲慢尊大；相反，他一直非常謙遜。在給他的朋友本特利博士的信中，他寫道：「如果我的工作對公眾有所幫助的話，那也完全是由於不斷努力、細緻思考的結果。」他從不認為自己是天才，只是把自己的成功歸於勤勉加思考。有人問他，為什麼恰好是他做出了這些成就呢？他的回答是：「我對於那些一時不能解答的問題，會一直放在那裡，慢慢地它會露出一絲希望，到最後，它就會完全顯現出來。」

一七二七年2月28日，在82歲高齡的時候，牛頓應邀前往倫敦主持皇家協會會議。他畢竟年事已高，旅途的奔波又消耗了他許多精力，最後他精力衰竭，就死於這次會議上了。消息傳出，世界為之震驚，各地紛紛舉行各種悼念儀式，他的葬禮也吸引了眾多人士參加。

他的遺體在有無數名人棲身的威斯敏斯特教堂下葬，他也以他的盛名，為這座墓地增添了新的榮耀。一百年之後，在一八三一年，他的墓地旁樹立了一塊造價達三千美元的紀念碑。在他的母校劍橋三一學院，人們立起了另一塊紀念碑，刻在上面的銘文稱他是人類有史以來最偉大的天才。在他生前常常漫步的花園裡，那棵給了他靈感、讓他發現重力定律的蘋果樹，現在做成了一把扶手椅，放在那裡供人們參觀。

由牛頓的故事，我們發現滿足好奇心是很容易的，但如果要將它轉化為成功的決心，則不是一般人做得到的。因此好奇心出現時，我們應該要在興奮之後，冷靜地思考和分析一番，在這種好奇心的滿足過程中，是否有未知的奧祕等待我們去探索，是否能顯示出自己的知識和能力的長處，是否有獲得成功的條件和可能。正如人們所熟知的：萊特兄弟看到鳥的飛行，然後發現了飛機；阿基米德在澡盆裡沐浴時，從溢出的水想到物體浮力定理。雖然這些現象在日常生活中隨處可見，但是科學家則能把好奇心轉為探討生命奧祕的心理動機，也因此產生了文明進步的原動力。

5．磨練你的進取心

卡耐基曾經說過，有兩種人絕不會成大器。一種是除非別人要他做，否則絕不主動

做事的人；另一種人則是即使別人要他做，也做不好事情的人。那些不需要別人催促，就會主動去做應做的事，而且不會半途而廢的人必將成功。這種人懂得要求自己多付出一點點，而且做得比別人預期的更多。

個人進取心是你實現目標不可少的要素，它會使你進步，使你受到注意而且會給你帶來機會。個人進取心具有強烈的感染性。有堅強的個人進取心的人，會成為許多人日常生活中的模範。個人進取心能成就他人無法成就的工作，能激發他人工作的熱誠。

一旦你的事業陷入困境，要靠個人進取心使自己脫困。如果你能把握住任何發揮個人進取心的機會——尤其當你犯了愚蠢錯誤的時候——則它必會為你和你周圍的人帶來利益。

具有個人進取心的人能為自己創造廣闊的事業前景。如果你擁有了個人進取心，你會不斷探索，為自己製造許多機會。若將個人進取心應用到工作上，你會創造奇蹟。

當你訂出你的明確目標之時，就是你開始運用你個人進取心的時候了，開始執行你的計畫，組織你的智囊團。儘管你會發現在執行計畫的過程中，你的目標發生一些變化，但最重要的是「馬上展開」你的計畫。

開始一項不甚完全的計畫，總比拖延行動要好得多，「拖延」是你發揮個人進取心的大敵。如果你一開始時就讓拖延變成一種習慣的話，那麼它必將蔓延到日後你的每一項行動中。盡一切努力使你的計畫付諸實現，並從錯誤中學習經驗。

別理會那些說你的行動是自毀前程的人的話。如果你需要別人的建議時，就付錢請教一些專家的意見吧！你從同事或朋友那裡得到的「免費建議」將和你所付出的代價一樣：什麼也沒有。

別讓外在力量影響你的行動，雖然你必須對他人的驚訝和你所面對的競爭做出反應，但你必須每天以你的既定計劃為基礎向前邁進。用你對成功的想像來滋養你的強烈的欲望，讓你的欲望熱情燃燒，最好能燒到你的屁股，隨時提醒你不可在應該起來行動時仍然坐待機會；每當你完成一件工作時就應做一番反省，這是你所能做到的最好的成績嗎？如何能做得更好？何不現在就使自己更進一步？是否能夠發揮個人進取心，應視你對於每次機會的覺醒程度，以及你是否能在發現機會時立即行動而定。

很明顯的，個人進取心是一種要求甚多的特質，它的實踐需要許多心理資源作為後盾。當你的進取心處於低潮時，不妨求助於可在其他所有成功原則中注入新生命力並且使它們再度發揮作用的一項原理：積極心態。

馮景禧，一九二三年出生於廣州市的一個普通商人家庭，是與李嘉誠同時代的成功企業家，在二十世紀50年代後期香港房地產業興盛時期，他與好友合股建立了「永業企業公司。」一九六三年，他們合資新建了「新鴻基企業有限公司。」一九六九年11月，馮景禧賣掉了他的大部分股份，建立了他個人的「新鴻基證券投資公司。」他將新鴻基證券公司的經營重點放在散戶、小戶身上，業務飛速增長，很快成為香港股市上一股舉足輕重的力量。

馮景禧的父親起早摸黑做些小本生意，日子過得並不寬裕！加上馮景禧的生母去世早，繼母與他的關係不好，16歲那年，他就不得不離開了學校，到香港船廠當學徒。學徒的工錢少得可憐，他每天晚上還要拖著疲倦的身子到一家工人夜校去教課。

一九四一年，日本侵略軍強佔了香港，馮景禧只好逃回廣州到一家金銀首飾店去做學徒工。他勤勤懇懇，任勞任怨，常常利用跑街的機會光顧別的店鋪，留心觀察人家的貨品款式和經營方法，用以改善自己店裡的不足。因為他聰明能幹，好學善悟，深得老闆的信任。然而他對於這種寄人籬下的生活，始終不滿意。他發誓要改變自己的命運。

日本投降以後，市面上的商業活動開始活躍。馮景禧便辭去了金銀店裡的工作，和幾個朋友一起販賣大米，辛辛苦苦幹了兩年，只賺到幾百元錢；後來他又同朋友們集資開了一座酒樓，生意也不是太紅火。雄心勃勃的馮景禧，時刻想找到一個能讓他大展鴻圖的事業。一九四八年，他聽說臺灣魚苗的價格高，從廣州販賣魚苗到臺灣能賺大錢，便決心要做這販魚苗的生意。但結果是多年經營積累的本錢，卻賠了個精光！而且，在返航的香蕉生意中，欠下了一大筆債！儘管廣州這一跤摔得太慘，馮景禧卻能沉得住氣，他回到廣州，重新做起了代人買賣金銀的生意。憑著他的豐富經驗，逐漸又賺了些錢。有了本錢，馮景禧瞄準了香港的房地產業。二十世紀50年代後期，香港經濟發展較快，由於人多地少，房地產價格直線上升。然而投資房地產，沒有雄厚的資金是不行的。於是，馮景禧找到了生意場上的好朋友郭德勝和李兆基，商量合資創辦房地產公司的事情。他們三人當時都是剛剛在創業上起步的小財主，又都看好房地產業，所以一拍即合，合股建立了「永業企業公司。」三人當中，年紀最大的郭德勝老謀深算，年紀最小的李兆基反應敏捷，馮景禧則精通財務，擅長分析。從購買原沙田酒店開始，他們在房地產業初試身手。他們採取的經營方式是低價收購舊樓，拆掉重建新樓出售，還以「分層出售」、「10年分期付款」等方法招來顧客，逐漸積累起了資金。

到一九六三年，他們每人投資100萬元港幣，建立了「新鴻基企業有限公司」，準備在房地產業大幹一場。這三位朋友各有所長，互相配合，又都是十足的工作狂，每天都要工作十幾個小時。這種拼命苦幹的精神，使得他們的公司很快引起了實業界的注意，稱他們為「地產界的三劍客。」

一九六七年，馮景禧又一次遇上了歷史提供的賺錢機會。由於受內地「文化大革命」的影響，香港也引起了大動盪。房地產行情直線下跌。許多富豪惟恐「文化大革命」也鬧到香港來，紛紛拋售在香港的產業，準備逃離香港。而馮景禧卻大膽冒險，不但沒有走，而且從銀行提出自己的全部積蓄，又貸了大筆錢，動作麻利地買下了一大批廉價房產和地皮。親朋好友都為他捏著一把汗，擔心他又要賠個精光了，然而馮景禧毫不動搖。果然，僅僅一年以後，香港局勢完全穩定，地價迅速回升，發了大財的馮景禧，獲得了「商界奇人」的雅號。

新鴻基的事業如日中天，到一九七二年，公司售出的房產總價值達到5億多港元，幾乎是當初「三劍客」投資的20倍。隨著資本的雄厚，「三劍客」都有了獨自闖天下的力量，於是，馮景禧和李兆基先後放棄了房地產業。

一九六九年11月，正當香港房地產業處於供不應求的大好局面、新鴻基企業公司的房地產生意一派興盛之際，馮景禧卻再出驚人之舉：賣掉了他的大部分股份，建立了他個人的「新鴻基證券投資公司。」

自從新鴻基證券公司開業後，馮景禧便一心一意地投入自己鍾愛的事業。他在經營證券業務時，有著與眾不同的眼光，別的證券公司都把服務重心放在大客戶身上，新鴻基證券公司卻處處為散戶、小戶著想。社會上千千萬萬的小資產擁有者，從管理職員、產業工人到計程車司機，都成了新鴻基證券公司的常客。不管買賣的金額如何小，馮景禧對他們都是一視同仁，盡可能為他們提供方便。馮景禧看準了一條，那就是廣大勞動階層和中、小資產者畢竟是社會組織的基石，大量散戶、小戶的聚合，就足以匯合成一條沖決一切障礙的巨大洪流。果不其然，新鴻基證券公司的業務金額在不長的時間裡即飛速增長，很快成為香港股票市場上的一股舉足輕重的力量，足以左右香港股票價格的變動，而馮景禧也因此成了證券交易市場中一言九鼎的人物。

馮景禧早就意識到了資訊的重要，他本人對香港和國外股票市場的變化瞭若指掌，人稱「活字典。」他非常注重積累、儲存市場訊息，新鴻基大廈四十多層的辦公室內，裝備有最先進的電子電腦網路和現代化的通訊設備；他的部下必須每天三次向他提供世界各主要市場的最新資訊。由於掌握市場訊息敏捷準確，他對股票、外匯、黃金、期貨等價格的變動都能做出可信度較高的預測。這也是他在證券交易中常勝不敗的一個重要原因。

股票市場千變萬化，有人說，在一晝夜的一千四百四十分鐘裡，股市有可能出現八千六百四十種變化！為了幫助千千萬萬的客戶尤其是中、小客戶了解瞬息萬變的股市行情，新鴻基公司成為香港惟一免費提供股民中文調查資料的經紀行。公司先後出版了《每日經濟簡訊》、《投資分析》、《公司業績報告》、《香港上市股票基本資料》、《美國股票通訊》、《美國商品期貨》、《期貨市場通訊》、《黃金報告》等大量資料，為廣大投資者提供指導和諮詢，適應了不同投資者不同層次的需要。優質的服務，贏得了廣大客戶的信任與好評，新鴻基的業務日益紅火。

為了使他的公司有更大的發展，馮景禧又在國外尋找合作夥伴，要把他的公司變成一個國際性的金融服務機構。他直接找到了法國的百利達銀行。百利達銀行是法國最大的工業銀行集團，歷史悠久且經驗豐富，對法國的財政經濟有著重大的影響，百利達幫助新鴻基在歐洲發展業務，而新鴻基則幫助百利達進入亞洲。隨後，馮景禧與美國梅林集團的布魯格博士接上了頭。梅林集團是世界50家大公司之一，業務範圍涉及石油開採、證券經營、機械製造等方面。中、美兩位富豪初次見面，就談得十分投機，僅僅用了45分鐘，就達成了共識，決定成立特別工作小組，研究具體的合作方案。後來，美國梅林公司以高於市價30％的價格，購入新鴻基集團的部分股權。交易的結果，馮景禧獲利達八千二百萬美元，新鴻基則購買了170萬股梅林集團的股票，一躍而成為梅林集團最大的個人股票持有者。事後，馮景禧把這次成功形象地稱為「45分鐘架起一座洲際大橋。」

就這樣，亞洲的新鴻基、歐洲的百利達、美洲的梅林三大財團，密切協作，成為世界金融界極富實力的「鐵三角」！

6．在實踐中增強領導才能

對於大多數的成功者來說，他們都是某一團體的領導者，比如，企業的總裁、研究課題小組的負責人、政府部門的負責人等。在商業領域，絕大多數傑出人士都是通過創立自己的企業而獲得巨大成就的。企業的領導者，像總經理、董事長、總裁之類的領導素質往往關係著一個企業的生死存亡。這也就是為什麼CEO們一度十分受寵的主要原因。

李嘉誠認為，領導人的領導才能不是天生的。要想使自己領導的事業不失敗，就必須成為一名優秀的領導。優秀的領導人必須擁有好的素質：關心、尊重和理解下屬；對下屬職責要明確分工，給予他們充分信任；胸懷寬廣，能容忍下屬的批評；承認下屬的勞動價值；懂幽默；樂於接受上下兩方面的監督；保持清廉簡樸的生活；要成為識人才的「伯樂。」

阿爾弗雷德・斯隆，十九世紀末出生於美國一富裕家庭，畢業於麻省理工學院。其父在一八九八年以五千美元買下一家小的滾珠軸承廠，送給他去經營。20年後，斯隆以一千三百五十萬美元把工廠賣給了杜蘭特而加盟通用汽車。擔任通用運營副總經理三年之後，斯隆於一九二三年升任公司總經理和總裁。他在通用汽車時所創造的理念和實績為全球企業界立下表率，開了大公司集團現代管理的先河。美國密西根大學管理學院的一位教授在《美國商業週刊》評論說：「二十世紀有兩個偉大的企業領導人，一個是通用汽車的斯隆，另一個則是韋爾奇。」

由於擴張過於迅猛以及借貸經營，通用汽車的創業老闆杜蘭特不久便陷入困境。他的粗放式經營並未能把收購的企業整合在一起，失控危險在市場稍不景氣時便立即浮現。斯隆在接管通用汽車的杜邦家族的培植下，經過三年的全面交接，局面依然艱困：福特汽車的市場佔有率為60%，通用汽車不過12%。但其後斯隆採取的一系列措施很快扭轉了通用汽車公司的困局：二十世紀30年代初通用就超越福特成為最大的汽車公司；

到一九四六年斯隆卸任時，通用更是如日中天。

在市場策略方面，斯隆力主引入不同價格的車型來迎合具有不同購買力的顧客；每年變更車型以刺激需求；引進彩色車；接受舊車作為抵價來購買新款車；創立高檔車，以品質而不靠廉價取勝；成立分期付款購車的融資機構等等。這些做法在今天早已司空見慣，可在當年都屬首創。那時候沒有銀行願意提供信貸來支持「高風險的」私家車享受。而老福特迷醉於自己T型黑色房車的成功，竟傲慢地揚言客戶喜愛什麼樣的車悉聽其便，只要它們是黑顏色的T型車就行。斯隆以戰略夥伴的角度來對待汽車經銷商，一反把他們看成利潤爭奪者的敵對態度，確認雙方共生共榮的關係，儘量使其有利可圖。斯隆經常走出總部遍訪全國各地的經銷代理，實地了解需要，傾聽其意見。這種深入基層的做法在當年是絕無僅有的。

杜蘭特留下的弊病是幾個子公司各自為政，尾大不掉，統籌管理或虧損由總公司包攬，但一有利潤子公司卻擅自截留拒絕上交。斯隆決心剔除失控局面的做法非常難能可貴：他依然力求保持分散決策、獨立經營的優點，既放且收，相得益彰。他的做法的核心是把政策制定和政策的落實分離：前者許可權歸總部決策委員會，後者在很大程度上由各經營單元自由運作。兩者的交結則由「運營指導委員會」來協調，其成員由經營單元的經理和決策委員會成員共同組成。另外，設立財務委員會主理財務決策，其成員絕大部分是由外部董事來擔任，取其中立無偏私的立場的優點，以此來確保投資效益和重大投資按總公司的戰略方向進行。投資方面的工作由撥款委員會集中處理，由斯隆親自掌控。

斯隆深知技術領先是企業的命脈，很重視研究開發。在他的宣導下，不但各子公司有各自的研究力量，總部還專門設立研究機構，除了應用型的，也支持基礎研究。斯隆的長遠眼光——他認為基礎研究早晚會有益於社會及贏利目標——在當年的私人企業裡是相當稀罕的。

斯隆的制勝利器在於他的前瞻和創新理念，認識到大公司的管理必須是集中協調下的分散經營，以及他立足於人性的務實管理哲學。這些都值得所有的經理人員深刻領會和身體力行。最重要的，在於他對公司而非為個人有一顆「燃燒的雄心」。斯隆屬於老派的CEO，他的整個職業生涯都奉獻給了通用汽車（以及之前的滾珠軸承公司），對於公司懷有深厚的感情。也因其如此，斯隆才能在制定和實施政策時不考慮自己的一時得失。對汽車的經營斯隆可謂瞭若指掌，能在處理危機時氣定神閒、指揮裕如。對於今天那些跳槽頻繁，對企業運作不求甚解，為謀取個人的薪酬和期權升值而不惜犧牲企業和員工長遠利益的「新派」CEO們來說，斯隆無疑為他們樹立了參照的楷模。

斯隆知人善任，因此手下常能集結一批充滿活力、積極進取的精英。他主張人事決策特別值得花費時間和精力，認為捨不得用幾個小時來討論一個職位的任用問題而選錯了人的話，就可能不得不花幾個月去收拾殘局。在通用汽車的高層工作會議上，大半的時間都是用在人事決策上。

斯隆又非常善於傾聽他人的意見，每次開會他總是把主導權交給主管會議的專家，只把最終的決定權留給自己。在繼承人選的確定方面，斯隆又把決定權完全交給了高級主管委員會。

在斯隆看來，如果由現任者指定繼承人，得到的將只是一個二等的複製品。為使自己的想法不致影響主管委員會的決策，直至繼承者被選中後斯隆才肯透露他心目中的人選——與委員會選中的並非同一人選。

斯隆尊重企業的每一位員工，但同時他又注意與同事保持一定距離。通用汽車的高級主管風格迥異，各具特色，為充分調動每一個人的積極性，不至於以個人的好惡而影響對企業經營的決策，斯隆故意把自己孤立起來而不與任何主管建立個人關係，儘管斯隆本人是一個交友廣泛的人。

我們每一個人的身體內部都有這種天賦的能力，也就是說，我們每一個人都有創造的潛能。

7・激發自己的潛能

我們每一個人的身體內部都有這種天賦的能力，也就是說，我們每一個人都有創造的潛能。不管有什麼樣的困難或危機影響到你的狀況，只要你認為你行，你就能夠處理和解決這些困難或危機。對你的能力抱著肯定的想法就能發揮出積極心智的力量，並因而產生有效的對策。

你從來沒有期望過自己能夠做出什麼了不起的事來。這是事實，而且這是嚴酷的事實，即我們只把自己盯在我們自我期望的範圍以內。所以你要能發揮戰鬥精神，讓這種戰鬥精神來引出你內部的力量，並最終將它付諸行動。每一個人的真正自我都是有磁性的，對其他人具有強大的影響力和感染力。

那種受壓抑的個性約束真正的自我表現，讓個體總有理由拒絕自己，怕成為自己，把真正的自我緊鎖在內心深處，並殘酷地消耗著心理能量。個體軀體終日處於疲憊不堪的狀態，思維差不多陷於停頓的狀態。

儘量提高你的音量，但沒必要對別人大聲喊叫或使用憤怒的聲調，只要有意識地使聲音比平時稍大就行。大聲談話本身就是解除壓抑的有效方法，它能夠多調動全身15%的力量，與壓抑狀況相比，讓人能舉起更大的重量。

科學實驗對此的解釋是——大聲叫喊能解除你的壓抑，調動你的全部潛能，包括那些受到阻礙和壓抑的潛能。對於你來說，正確的做法應當完全不必考慮這些否定的回饋器，你不妨每天至少誇獎三個人，如果喜歡某人幹的事、穿的衣服或說的話，你就讓他知道。

在世界文明史上有不少偉大的人物，諸如法蘭克林、貝多芬、達文西、愛因斯坦、伽利略、羅素、蕭伯納以及許多別的巨人，他們大部分是敢於探索未知的先驅者。實際上，他們在許多方面與普通的人一樣平常，惟一區別只不過是他們敢於走常人不敢走的路罷了。

倘若你敢於探索那些陌生的領域，便有可能切身體驗到人世間各種樂趣。想想那些被稱為「天才」的人，那些在生活中頗有作為的成功者，他們並不單單是某方面的專家，其實，他們也是從來不試圖迴避困難的人。

你應該用新的眼光重新審視自己，打開心靈的窗戶，進行那自己一向認為力所不能及的活動；不然，你就只會以同樣而固執的方式重複進行同樣的活動，直到生命終結。

要知道，偉人之所以偉大，總是體現在他們探索的品質和探索未知的勇氣上。如果在生活中努力探索未知，堅定必勝的信念，那麼你的心理一定會更加健康而強大。

沒有必要為自己所做的每一件事尋找理由。這種對理由的「熱中」阻礙了你的個性的成長發展。長期克制並壓抑個性，將讓你的潛能無法發揮。所以，在某種程度上，你可以想做什麼就做什麼，其原因僅僅是你願意這樣做，這種思維方式將為你拓展生活的新天地，並最終引導你走向事業的成功。

你應該相信自己內在的力量，不妨將財產、工作或社會地位只視為生活中令人愉快但不可或缺的附屬物。一些敢於冒險和探索未知的人，他們並不是事事都預先訂好，卻可能事事走在前面。因為他們有來自內心的強大的力量，勇於嘗試新的經歷，使得自己不斷發展，有所作為。

正是吉列發明的小小的剃鬚刀，使得世界上所有的男人改變了剃鬚的方式。在這個小小刀片包裝上，吉列用他留滿鬍鬚的臉當做商標，隨同他的刀片一塊賣到了世界各地。因此他的這張臉被人們稱為「世界上最有名氣的一張臉。」吉列也因為這一小小的刀片而成為了一大富翁。

坎普・吉列，一八五四年出生在美國芝加哥一個小商人家庭，16歲那年因父親的生意破產而被迫輟學。吉列當上了一名推銷員，這個工作一幹就是24年。在激烈的競爭環境中，吉列多次更換公司。他推銷了包括食品、日用百貨品、服飾、化妝品在內的各類物品。吉列整日忙忙碌碌，他每天都乘車在公司和客戶之間來回奔波。儘管他如此勤奮，但是他的事業還是沒有多大建樹。40歲那年，吉列仍是一家公司的推銷員。

有一次，吉列為一家生產新型瓶塞的廠家推銷產品。這種產品不起眼，價錢又低，但很受人們歡迎，十分暢銷。吉列推銷得很賣力，受到老闆的賞識。當吉列問及產品暢銷的原因時，老闆微笑著告訴吉列，這種新型瓶塞屬一次性產品，消耗得快，賣的也就快，因為價格便宜，人們重複購買也就不會有心理障礙。他還告訴吉列：發明一種「用完即扔」的產品，人們自然會多次購買消費，這樣就能賺大錢。說者無心，聽者有意，吉列受到強烈的震撼。是啊！自己幹推銷員已經二十餘年了，整天忙忙碌碌，卻不能擁有自己的一份事業，自己為什麼不能發明一種「用完即扔」的產品來賺錢呢？

一天，手托下巴的吉列陷入深深的沉思之中，那刮不乾淨的鬍鬚紮了一下他的雙手，同時也刺激了他的思緒。每個男人都需要刮鬍子，而刮鬍子則需要剃鬚刀。他聯想到自己修面整容時的很多不便以後，便暗暗地下定決心，一定要開發出一種「用完即扔」的剃鬚刀來實現自己的發財夢想。

吉列想到這裡，便立即從商店買來銼刀、夾鉗以及製作剃鬚刀所需的鋼片，開始潛心地研製起他的刀片來。起初他的設想是把刀片製造的既鋒利又安全，而且刀柄和刀片部分必須分開，這樣可以便於產品的更新換代。所以吉列便把刀柄設計成圓形，圓形刀柄上方留有凹槽，能用螺絲釘把刀片固定；刀片用超薄型鋼片製成，刀刃鋒利。從安全角度考慮，刀片夾在兩塊薄金屬片中間，刀刃露出，當使用這種剃鬚刀刮鬍子的時候，刀刃始終與臉部形成固定的角度，這樣，既能很輕易地刮掉臉部和下巴上任何部位的鬍鬚，又不容易刮破臉。這個設計方案確定後，他找到了專業技術人員做成樣品。吉列開始利用他幹推銷的優勢，去說服人們投資來開發這種新型剃鬚刀，在他的極力鼓動下，有幾位朋友抱著試試看的心理給他投資了五千美元。

一九〇一年，吉列終於結束了他24年的推銷員生涯，創建了吉列保險剃刀公司。擁有自己的公司以後，吉列更是進一步研製製作刀片的新材料，使刀片更薄，更具有柔韌性，更容易夾在金屬片中間。在這同時，吉列進一步吸收資金。一九〇二年，吉列終於開始批量生產自己研製出來的這種新型剃鬚刀。可是這種產品卻陷入了滯銷局面。一年的時間，吉列總共才銷出刀架51個、刀片168片。面對這樣的銷路，吉列曾一度百思不得其解。後來他經過反覆的思考後，豁然開朗。

接著，吉列採取了兩個步驟：其一是要把新型剃鬚刀作為一種「用完即扔」的產品來看待。因為當初自己把刀柄和刀片分開設計就是出於這樣的認識。其二是刀柄堅固耐用，買一個可以用幾年，刀片則為一次性產品，可以靈活更換，顧客買一個刀柄不知要買多少個刀片。如果把刀柄大幅度削價，而從刀片上掙錢，不就解決了價格高的問題了嗎?再進一步把刀柄贈送給人們無償使用，人們購買刀片的積極性不就會進一步提高了嗎?吉列果斷做出決定以後，凡是購買新型剃鬚刀的，一律免費贈送刀柄，這一措施推出後，公司的銷售額果然直線上升。長期的推銷員工作使吉列清醒地認識到，新產品的功能再好，如果沒有進行到位的宣傳，產品也可能滯銷。所以在這同時吉列還加大了新產品的宣傳力度。

正好那時美國社會正處於大眾傳播媒介蓬勃發展的時期，為提高媒體的經濟效益，各報刊均開設了廣告服務欄目，吉列抓住機會，選擇傳播面廣、影響力大的刊物大做廣告。吉列請人擬定了誘惑力很強的廣告詞，強調新刀片和舊刀片的不同，勸說人們放心購買。在不斷的廣告宣傳中，吉列還強調新型刀片的品質和優點，他給顧客的承諾是：保證每片刀片至少可刮10到40次。僅這一條，就打動了不少消費者去購買吉列的刀片。

為了保證廣告常盛不衰的勢頭，吉列為每副剃鬚刀增加了5美分的廣告預算，他多次對部下強調，吉列公司的興旺發達完全要靠廣告推動。他說：「我們一定要做進攻者，我們必須通過不斷的攻擊，去擊敗競爭對手。」

通過大量有效的廣告宣傳，吉列一步步打開了新型剃鬚刀的消費市場。經過8年的市場推銷和從未間斷的廣告宣傳，吉列安全剃鬚刀終於在美國廣大消費者心中佔據了一席之地。因這種剃鬚刀由刀柄和刀片兩部分組成，人們習慣地根據它的形狀構成，稱其為T型剃鬚刀。看著今天可喜的成果，吉列信心倍增。正當他準備進一步擴大生產規模和拓寬銷售市場的時後，第一次世界大戰爆發了。

戰爭期間，由於生產剃鬚刀所使用的原材料價格有所下調，吉列的剃鬚刀在市場上有了更大的競爭力。而當一九一七年美國放棄「中立」並向德、奧宣戰，當美國士兵源源不斷向歐洲戰場開拔的時候，吉列的剃鬚刀也隨之走進了每個士兵的背包之中，被帶到了歐洲，給那裡的人們留下了較為深刻的印象。使用新型剃鬚刀的人越來越多，吉列剃鬚刀對人們生活產生的影響也就越來越大。戰後，這種影響更深更廣，加之他的「贈刀柄銷刀片」的銷售策略，吉列新型刀片的銷售額大幅度上升，錢源源不斷地裝進了吉列的腰包。戰後，吉列開始在世界各地建立分公司，就這樣吉列的剃鬚刀開始從美國走向了世界。

當了二十多年的推銷員，一直沒沒無聞；40歲時突然間搞起了發明，而且成就了一番大事業：依靠的就是人體生來就有的、被我們絕大多數人荒廢的潛能。

8．今天的事情不要拖到明天

成功的人物並不是行動前就解決了一切問題，而是遭遇困難時能夠想辦法克服。無論從事工商業還是解決婚姻問題或任何活動，一遇到麻煩就要想辦法處理，正如碰到溝壑時就跨過去那般自然。

我們無論如何也買不到萬無一失的保險，因此必須要下定決心去實行你的計畫。具體可行的創意的確很關鍵，你一定要有創造與改善任何事情的創意。成功跟那些缺乏創意的人永遠無緣。但是光有創意還遠遠不夠。那種能讓你獲得更多生意或簡化工作步驟的創意，只有在真正實施時才有價值。

你要切實執行你的創意，以便發揮它的價值。不管創意有多好，除非真正身體力行，否則永遠沒有收穫。要用平靜的心態去實施你的創意。天下最不幸的一句話就是：

我當時真應那麼做卻沒有那麼做。

你每天都能夠聽到有人說：「倘若我去年就開始那筆生意早就發財啦。」或者是：「我早就料到了，我好後悔當時沒有一個好創意！」好創意一旦胎死腹中，真的會叫人扼腕歎息，永遠不能回覆。倘若真的徹底施行，當然也會帶來無限的滿足。

你現在已經想到一個好創意了嗎？一旦有，就立即行動起來！

請牢記：行動不一定成功，不行動一定失敗！

行動本身會增強你的信心，不行動只會給你帶來遺憾。克服遺憾最好的辦法就是行動。要增加遺憾的話，只需等待、拖延、推託就能夠做到了。《時代週刊》曾經報導，美國最有名的新聞播音員愛德華・幕羅先生，在面對麥克風以前總是滿頭大汗；然而，一等開始播音以後，他所有的恐懼就都消失了。

許多老牌演員也有這種經驗，他們認為：治療舞臺恐懼症惟一的良藥就是「行動」，馬上進入角色就可以解除所有的緊張、恐怖與不安。行動可以治療恐懼。建立你的信心，用行動來讓煩惱消失。每一個行動前面都有另一個行動，這是指的自然原理。

大自然沒有一件事情能夠無須行動自己完成，即使我們天天要用的幾十種機械設備也離不開這個原理。你家裡的室溫是自動控制的，但是你必須先選擇（採取行動）溫度才行。只有換了檔之後，你的汽車才能全自動變速。

這個原理同樣也適用於我們的心理，先使心理平靜安詳，才能順利思考，發揮作用。那些大有作為的人物都不會等到精神好時才去做事，而是推動自己的精神去做事。採取與你的自動反應相反的辦法，去完成很簡單卻很必須的雜務。

把這種方法應用到「設計新構想」、「擬定新計畫」、「解決新問題」，以及所有需要認真推敲的工作上。不能等你的精神來推動你去做，要推動你的精神去做。這裡有個辦法保證你行之有效。你一旦養成這個習慣，即使在吵鬧的環境中也不會受到干擾。

當你思考時，應該寫下來，那樣你的靈感就會立刻來了，這實在是個好辦法。該做的事必須當機立斷，不能有絲毫拖延。

「現在」這個詞對成功者來說可真是妙用無窮，而「明天」、「下個禮拜」、「以後」、「將來某個時候」或「有一天」，往往就是「永遠做不到」的同義語。

有很多好計畫卻沒有實現，只是由於應該說「我現在就去做，馬上開始」的時候，卻說「我將來有一天會開始去做。」時刻記著班傑明・法蘭克林的話：「今天可以做完的事不要拖到明天。」這也就是俗話所說的：「今日事，今日畢。」

當摩根正在父親的朋友在華爾街開設的鄧肯商行實習時，有機會去古巴的哈瓦那出了趟差。在返回的途中，他試了一回自己的冒險精神。那時，輪船停泊在新奧爾良。他穿過充滿巴黎浪漫氣息的法國街道，來到了嘈雜的碼頭。碼頭上，一位陌生人拍了拍他的肩膀，問他是否想買咖啡。那人自我介紹說，他是往來美國和巴西的貨艙船長，受託到巴西的咖啡商那裡運來一船咖啡。沒想到美國的買主已經破產，只好自己推銷。如果誰給現金，他可以以半價出售。摩根經過考慮打定主意買下這些咖啡。於是他就帶著咖啡樣品，到新奧爾良所有與鄧肯商行有聯繫的客戶那兒推銷。經驗豐富的職員要他謹慎行事，因價錢低廉，但艙內的咖啡是否同樣品一樣，誰也說不準，何況以前還發生過船員欺騙買主的事。但摩根已下決心，他以鄧肯商行名義買下全船咖啡，併發電報給紐約的鄧肯商行說，已買到一船廉價咖啡。

可是，鄧肯商行回電卻對他嚴加指責，並不許摩根擅用公司名義！要他立即取消這筆交易。摩根只好發電報給倫敦的父親求援，在父親的默許下，用父親在倫敦的戶頭，償還了原來挪用鄧肯商行的金額。他還在那名船長的介紹下，買了其他船上的咖啡。

幸運的摩根賭贏了。就在他買下大批咖啡不久，巴西咖啡因受寒而減產，價格一下子猛漲了兩三倍。摩根大賺了一筆。

一八六二年春，結婚才三個月不到的摩根痛失愛妻。他化悲痛為力量，在父親的支持下，在曼哈頓島紐約證券交易所對面的一幢房子裡，創辦了屬於自己的公司。摩根還通過關係在紐約證券交易所擁有了個席位。

那時，一位年輕的投機家克查姆和摩根搭夥搞金融投機。克查姆建議摩根說：「咱們先同皮鮑狄公司打個招呼，通過他和你的商行共同付款的方式，祕密買下400萬到500萬美元的黃金。」摩根盤算著，說：「對！黃金到手之後，將其中的一半匯往倫敦，另一半歸咱們。一旦匯款的事情洩露出去，同時查理港的北軍又戰敗的話，金價必然暴漲。時候一到，咱們就把留下來的那一半拋售出去。」

摩根和克查姆按計劃行事。黃金果然在他們的預料下暴漲了，他倆大撈了一筆。此事在紐約和倫敦掀起軒然大波。《紐約時報》發表社論說，這次金價暴漲，簡直是把美利堅合眾國的生命視同兒戲！議會應該趕快建造斷頭臺，將這些傢伙斬首示眾。該報還刊登了一篇調查結果，說紐約有個名叫約翰・摩根的投機家，是這一事件的操縱者。

摩根終於成為華爾街銀行家。他又把目光瞄準了鐵路投機事業。因為這時各地鐵路紛紛營建，已成為美國的熱門。在南北戰爭以前，摩根投機咖啡初嘗甜頭，在戰爭中又進行破槍支買賣，後來又搞黃金投機，這些活動使他獲得了豐富的投機致富經驗，在華

爾街雲集的投機者中間，他是註定要戰勝所有的對手的。

有一條雖然只有227公里長名叫薩科那的鐵路，里程不長卻具有極為優越的地理位置，紐約四周的煤炭、石油和鋼鐵等，都靠它運輸。為了爭奪這條鐵路的營運權，幾位大老闆甚至不惜動用武力，大打出手，各有死傷，靠軍隊才將暴亂平息下去。摩根耍了手腕，使爭奪者兩敗俱傷，他從而把薩科那鐵路的經營權槍到了手。

一八七一年3月，法國巴黎爆發了一場大革命，巴黎公社宣告成立。同年5月，巴黎公社失敗，歐洲政局又陷入一片混亂之中。鎮壓巴黎公社的劊子手、法國資產階級政府頭子梯也爾為了鞏固他的統治，派密使約見摩根的父親吉諾斯・摩根，想請摩根家族代為發行25億法郎的國債。

吉諾斯經過討價還價，答應了下來。在紐約的摩根收到了父親的電報。電報說：「希望在美國能把25億法郎消化掉。考慮到你的負擔過重，我因此想了個新辦法，成立辛迪加（企業的聯合），也就是把華爾街的所有大規模投資金融公司集合起來，成立一個國債承擔組織。」摩根讀著電文，心裡想，這可能嗎？但他知道，老父畢竟是老謀深算的，成立辛迪加，目的是讓大家一道承擔風險；而且法國國債發行成功了，賺錢最多的無疑是摩根父子。摩根給父親回電，承諾了下來。通過代理發行法國國債，摩根這個青年金融家一下子成了美國和加拿大知名的風雲人物。他又大發了一筆。

事業如日中天的摩根繼續大顯身手。到了一八九〇年，他以紐約的中央鐵路為基礎，趁美國經濟混亂、全美鐵路系統因各個大老闆你爭我奪陷於癱瘓的時機，不斷地吞併別人，坐上了「鐵路大聯盟」的第一把交椅。

財大氣粗的摩根還把手伸向美國的鋼鐵企業，他把目光盯向了美國鋼鐵大王卡耐基。在美國鋼鐵企業排行榜中，坐頭把交椅的要數卡耐基了；摩根的鋼鐵企業只能排第二；排第三的是洛克菲勒。摩根差點把卡耐基當做眼中釘、肉中刺。機會終於來了：「卡耐基由於母親、弟弟和最得意的助手接連去世，決定隱退，把他的全部家當以3.2億美元出讓。摩根生怕洛克菲勒買了去，便派人和卡耐基談判。誰知卡耐基又抬高到4億美元。後來摩根說：「我們高於4億美元買下了它。」

進入二十世紀後，世界金融中心漸漸從倫敦移到了紐約。華爾街成了世界金融中心的代名詞。約翰・摩根家族的總資本已達到34億美元，包括銀行信託公司、保證信託公司。摩根同盟資本約48億美元。整個「摩根體系」，總值竟有200億美元，另外還有125億美元保險資本。摩根同盟的兩個大銀行擁有510億美元總資產。相加起來，總資產相當於美國企業總資產的四分之一。

第4章

要跑得快，才會成為贏家

在劇烈的競爭中多付出一點，
便可多贏一點。就像參加奧運會一樣，
你看一、二、三名，
跑第一的勝出第二及三就是快了那麼一點點。
若是跑短程的可能是不夠一秒之差，
只贏一點，所以快一點就是贏！

——李嘉誠如是說

每個人都有自己的成功夢想，用實際行動去追求理想才是成功的關鍵。觀察一下那些從逆境中奮起的成功者，他們成就自己生命輝煌的起點，無一不是從下決心為人生目標不懈追求開始。人類生命的成功基因正是對信念的執著與追求。許多人只是看到了李嘉誠今天的榮耀，而往往忽略了他當年的艱苦奮鬥。

任何人的成功，都離不開義無反顧地奉獻、百折不撓地追求和堅忍不拔地奮鬥。因為不經歷風雨，哪能見彩虹；不自苦寒來，哪見梅花香。

1．要爬最高的梯子就不要回頭

常言道，知足常樂。這句話如果是用來教人抑制貪婪、浮躁、消沉的心境，特別是用於生活方面，無疑是很正確的。如果是用於事業方面，用來勸說一個胸懷大志而奮鬥不已的人不要那麼執著，無疑是一種羈絆。

在偉人的歷程中似乎很難找到「知足常樂」四個字，他們猶如搭在張滿了弓上的一支利箭，他們知道鬆懈意味著怠惰和喪失良機的風險。即使失敗也難以讓他們緩下腳步。但是，「物極必反」，如果把不滿足用過了頭或用在不恰當的地方，比如享樂和不

人類生命的成功基因正是對信念的執著與追求。許多人只是看到了李嘉誠今天的榮耀，而往往忽略了他當年的艱苦奮鬥。

擇手段的斂財上，就會變成貪婪。前人的經驗揭示，切勿被不滿足埋葬自己，而要用不滿足激勵自己。

人人都有不滿足的時候和地方，正是因為不滿足，才讓我們去觀察周圍的世界。最開始對一些事物的認識似是而非，不能有一個明確的系統的判斷。所以要想發現你自己的志向，必須要善於訓練你的想像力。志向來自於不滿足。不滿足便要求改變。改變成夢想中的形式。要實現夢想便要不懈地努力，用汗水與勤勞這一紐帶把現實與夢想聯繫起來。

偉大的人物的夢想往往不是空洞的，它深深紮根於現實之中。現實是夢想的基礎。夢想總是高於現實。他們憑藉著高於現實的理想指引自己的方向，不斷地努力，對現實的不滿足便會刺激他們加倍地追求夢想。「我想從樓梯的最低一級盡力向上看去，看看自己能夠看到多高。」這是美國著名的運輸大王考爾比在最初踏入社會時所說的一句精闢的話。

倘若你對自己的一切安於現狀，並不想改變，那也就不會有一種光明前途的理想。但是有了理想不去追求，而是作為一種自我安慰來慰藉心中對現實的不滿，那就大錯而特錯了。理想的作用，就是因其能拿現在的事實襯托出將來的可能性。

進步的惟一障礙是你滿足於這種成就。甜蜜的理想，必須同時有一種想改革現狀的動力相伴。在理想和將來的比較下，理想不但是一種刺激也是一種挑戰，促進你改進現有的、不滿足的狀況。倘若你只空想著成為一個偉大的人，那麼便永遠不可能前進。

最大的目標總是很遙遠，若隱若現，讓人不容易準確地把握。最高的目標是朦朧的，因為比最近的目標遠得多。人生就像是在爬一座山峰。要想爬上去，首先要有必須到達山頂的欲望。然而只有這種欲望，而不向前邁出你有力的步伐，你是永遠不會到達山頂的；倘若你只望著山頂，或夢想自己已經到了理想之顛，你也不會到達山頂。你只有鼓起足夠的勇氣和精神，努力向前。

最後的目標像指南針一樣，指示你前進的方向，不至於迷失道路。路該如何走，那要取決於你自己的努力。大事業的成功，不但需要解決長遠的問題，更關鍵的是解決眼前的問題。有時眼前問題的解決，能夠收到意料之外的結果。

一個目標應當做為一種指南，指導你是不是要換工作，換何種工作，應當把精力用在哪兒，以及怎樣應付枝節問題。目標不是一個固定點，而是前進中的一個指南。

生命不息，進取不止，這才是偉人的一貫作風。一旦你達到了一個目標，以為自己到了輝煌的頂點，激流勇退，那麼你就不可能成為一個偉大的人。由於沒有了努力，光輝的火焰便會慢慢熄滅。直到老死還念念不忘你的所謂的輝煌。這便失去了人生的意義，這也是對生命的一種浪費，實在是錯誤至極。不滿足始於較好東西的誘惑。這種誘惑能夠催促你向著好的方面發展。

志向需要後天的培養，並不是天生的。在許多志向的選擇面前，你應當選出適合自己發展的志向。空泛的追夢者，永遠也不可能達到自己的目標，你要做一個腳踏實地的人，才有可能前進。認清自己的位置便會更清楚自己將來做怎樣的人。不要停留在眼前目標的解決，要以第一種志願的成功，刺激第二個志願的開始。

威廉・利爾，航空界和電子界的發明大王，同時也是擁有億萬家產的實業鉅子。一生事業中，從發明收音機到設計製造飛機，他主持過幾十種有關電子和航空方面的重大革新，擁有上百種產品的專利權，他是個不斷創造奇蹟的人。

然而，這樣一個成就卓著的利爾卻只是受過小學教育，並且不太喜歡學校教育，但他從小對機器就有一種特殊的興趣。小學畢業後，因家境困難，他開始工作。在芝加哥飛機場當無線電修理員期間，他發明了普及到美國每個家庭的「皇威」牌收音機。他的發明生涯也由此邁開了步子。隨後，利爾發明了一種小體積的無線電線圈。接著，他又設計製造出一種以汽車電瓶為電源的汽車收音機。

一九三三年，利爾設想出了一種可以用簡便的方法生產多波段無線電的辦法，並將這個構想以25萬美元的價格賣給了ＲＣＡ公司。一九四九年，利爾為美國空軍噴氣機設計並製造了Ｆ－5自動駕駛裝置。利爾的自動駕駛裝置比一個麵包大不了多少，它不但能使飛機飛回目的地，並且能在地面能見度為零時，讓飛機安全地降落在跑道上。他因此獲得了一九五〇年美國政府頒發的獎盃——這種獎盃是頒發給為航空事業做出巨大貢獻的人的，也因此得到政府的一份合同，請他專門生產這種裝置。

到二十世紀50年代末，利爾的公司已經成為美國生產航空電子儀器的主要廠家之一。儘管他已經相當富有，但他覺得不滿足，他不在乎金錢，設計是他的樂趣，他要另找施展自己才幹的舞臺。

一九六〇年初，利爾到歐洲去推銷產品，獲悉一種瑞士設計的代號為Ｐ－16的小型噴氣式飛機因兩次試飛都失敗了，研製計畫被放棄。雄心勃勃、喜歡挑戰的利爾決定接過手來繼續幹。於是，利爾聘請來負責這種飛機設計工作的所有工程師們，他和他們一起探討修改方案。為了開發這種飛機，利爾靠自己的私人財產和私人借貸，創建了飛機製造公司。

利爾信心十足，他一反飛機製造的常規做法——手工製造第一架原型飛機，在完成試飛證明設計沒有什麼不妥之後，才可以進行大規模生產的準備——在建立飛機製造廠的同時，就把所有的生產機器和工具都準備好了，並在沒有取得聯邦民航局批准生產的執照之前，就投入了生產。一九六三年10月，第一架噴氣機製造出來了，但在試飛時，因民航局的一位檢查員操作失誤，飛機墜毀了。

民航局判定是飛機性能有問題，利爾卻堅持認為是操作失誤，結果雙方相持不下。如果沒有第二架飛機及時地生產出來，這件事就很難說得清。幸虧利爾早就做好了準備，第二次試飛成功了，聯邦民航局這才批准他投入生產。

這是利爾一生中最大的一次冒險，他之所以敢下這樣大的賭注，一來是因為自信，另一個原因是要爭取時間，他的錢多數都是借來的，時間拖得越長，對他越是不利。如果失敗，後果不堪設想。正如他自己所說：「這樣的做法，你不是對極了，就是錯極了。而我是對極了！」

利爾喜歡雷厲風行的做事風格，他認為時間就是金錢。儘管他的許多想法在大多數人看來簡直是發瘋，但事實證明他總是正確的。許多人都認為瑞士的這種噴氣機沒有市場。然而，利爾的噴氣機的最大優勢在於速度和價格，它的巡航速度和下滑速度比一般飛機快得多；它的爬高速度比軍方的F—100超軍刀式戰鬥機還快。他的噴氣機售價不到60萬美元，遠遠低於售價百萬美元以上的其他同類飛機。他成功了，訂單像雪片一樣向他飛來。

一架飛機的重量往往決定了它的性能：同樣的動力，機身輕的飛機能飛得更快，載得更多，飛得更遠。因此，盡一切可能減輕飛機的重量成為利爾的最大樂事。哪怕每個零件減輕十幾克，一架飛機有1萬多個零件，算起來也就很可觀了。

繼噴氣機之後，他又設計了一種比較大一些的、可以用於民航的新型客機，有28個座位，這種叫做「40型」的新型客機售價為150萬美元，價格僅為其他同類飛機的一半。

從不滿足的利爾還開拓了另一個新領域——蒸汽動力汽車，這種汽車引擎最大的優點是可以減少對空氣的污染，從環境保護角度來看，這種汽車是很有發展前景的。

2．從跌倒的地方爬起來

成功人士的經歷表明，成功是無數失敗後的一連串的衝刺。在他們的眼裡，失敗不是奮鬥的終點，也不是倒退，而是前進征途上的新起點，是加油站，是對取得更大進步前的毅力的考驗。如果你去考察一下世界各國名人的生平經歷，就會發現那些名垂千秋的偉人，都曾經歷過一連串無情的打擊，他們最後的勝利都是來自於不懈的追求。

偉人的經歷告訴我們，只要能從挫折中吸取經驗教訓並善加利用之，人人都可化失敗為勝利。如果你失敗了但想有所成就，就千萬不要把失敗的責任推卸給你的命運，而是要繼續努力學習，仔細研究失敗的實例，特別是你自己的失敗經歷。如果一味地詛咒命運，你將永遠得不到你想要的東西。

傑出人士的經驗告訴我們，戰勝失敗需要毅力與行動相結合。有很多志向遠大的人的毅力非常堅強，但是因為不會進行新的嘗試，他們無論如何也達不到自己的目標。要想成功，不但需要繼續堅持下去，而且要善於變通。

保羅・高爾文，出生於十九世紀末的美國。28歲時創建了今天的摩托羅拉公司的前身。他和他的公司先後開發生產收發無線電電話、雷達、電唱機、電視機、無線尋呼機等，二十世紀70年代又開發了蜂窩狀行動電話系統。

我們都熟悉的享譽全球的行動電話公司——摩托羅拉公司的創辦者——保羅・高爾文在創業過程中，特別是初期，就曾經歷了多次嚴重的挫折，但他都頑強地堅持了下來，最終使摩托羅拉的技術和產品跨越軍事和民用兩大領域，成為世界上首屈一指的蜂窩狀行動電話製造商。而令人叫絕的是摩托羅拉這一享譽全球的商標竟是他在早上刮臉的一瞬間想到的。

一九二三年，23歲的高爾文與朋友斯圖爾特合夥辦了一個蓄電池廠，頭幾個月勉強支撐過來了。一天，高爾文正在家裡用午餐的時候，政府人員到家裡來通知他，由於工廠未交蓄電池的貨物稅，他們把工廠的門封了。等高爾文趕到工廠時，他連進車間去取他僅有的一件大衣的機會都沒了。

正可謂出師不利，其打擊可想而知。以後的六十多天，高爾文和斯圖爾特雖盡力奔波，但一切都是白費工夫。高爾文為此而痛苦和氣憤。這時幸好他姨夫給他提供了一項工作，一家人的生計才暫時有了依靠。但是，高爾文建立自己的企業的願望並沒有因此而消失。

後來，斯圖爾特通過父親的關係，買下了馬什菲爾德電池公司的殘餘部分，並把它們搬到芝加哥的皮奧利亞街一處房子裡。於是，高爾文和斯圖爾特又開始了第二次合作創業。

二十世紀20年代，正是美國無線電業飛速發展的年份。雖然斯圖爾特公司的電池業務相當興隆，但是他們心裡都明白利用交流電的收音機的誕生不過是時間問題，乾電池必然會被淘汰。當時，全國使用中的電池收音機約在500萬台以上，人們暫時還捨不得扔掉乾電池。為了解決乾電池又笨又髒、使用壽命短的問題，斯圖爾特發明了一種被稱為A型替代器的電池替代品。

為了籌集A型替代器的生產費用，高爾文出資買下了公司的一小部分股份。同時，他們印發了大量的宣傳品，宣傳他們產品的優點。他們一度達到了繁榮的頂點。可惜好景不長，他們不久就收到了有關產品故障的回饋資訊，隨之很多產品被退了回來，他們的境況又變得不妙了。

這時幸好得到了一位出色的工程師埃德爾曼的技術幫助，改進後的新替代器有了市場競爭力，加上公司有人投資入股，斯圖爾特和高爾文終於應付了他們的債權人。可時過不久，關於金融利率的談判失敗，債權人立刻蜂擁而來。行政司法部門又封閉了他們的公司，並準備拍賣他們的替代器。

快到拍賣的日期時，高爾文突然決定參加拍賣，買下替代器。在拍賣現場，他最後以565美元的價格買下了自己公司的替代器。那一刻令高爾文終生難忘。

高爾文從幾次失敗中明白了許多經營道理。一九二八年9月25日，他在芝加哥哈里森街847號一座大樓裡的一小部分房子創辦了自己的摩托羅拉製造公司。

第二次世界大戰前夕，高爾文組織公司技術力量為軍隊開發了一種輕型的、便於攜帶的收發無線電電話——即收發兩用軍用手持無線電話機。二戰結束後，高爾文的公司面臨軍轉民的現實壓力。他不無幽默地警告下屬說：「我害怕的是，那些浩浩蕩蕩進入我們企業撈錢的人，將在痛苦的體驗中知道，這決不是懦夫待的地方。」在戰爭期間為軍隊生產無線電電話機和雷達的經歷，使摩托羅拉公司牢固佔據了無線通訊領域的科技領先水準。此後摩托羅拉繼續生產高檔的汽車收音機和家用收音機，增加了電唱機的生產，並在電視機的設計與製造上開創了新局面。

然而，他們開發的以汽油為燃料的汽車加熱器卻是一個成本昂貴和無法挽救的錯誤，甚至被認為是摩托羅拉公司的一個災禍。

在經歷了長期的磨練後，高爾文駕馭風險的能力得到了極大的提高。在高檔小型精品VT—71型電視機上市時，他把管理人員召集到一塊兒，宣稱摩托羅拉要在電視機生產的第一年，售出10萬台。出席會議的人幾乎為高爾文的「口出狂言」而目瞪口呆了。他們認為電視機廠絕對不可能達到一年10萬台的生產能力。事實證明高爾文是如此正確，僅僅幾個月內，摩托羅拉在電視機的生產企業中就躍居到了全美第四位。

當與日本同行在電視機生產領域的激烈競爭中處於逆境之時。高爾文審時度勢，迅速扭轉經營方向，轉向了無線電通訊領域。摩托羅拉的尋呼機風靡了整個世界，總銷量曾達到創紀錄的80％。二十世紀70年代，摩托羅拉投資開發了蜂窩式行動電話系統，這種攜帶方便的電話受到了消費者廣泛的歡迎，發展迅速。如今，摩托羅拉已經成了世界上首屈一指的蜂窩式行動電話製造商。

失敗了重新再來；面對強大的競爭而無利可圖時，就迅速開拓新領域；對於投入巨大資金開發的無市場前景的新產品，果斷丟棄，不無謂地進一步浪費，這就是高爾文對待失敗的主要手段。聽起來很簡單，但真正做起來，不知有多少人迷失了自己。

面對失敗感到無所適從可能是最大的痛苦。因此，結合高爾文的經驗，如果在感到原有的路確實行不通的時候，不妨試一試下面的方法。

1．保持冷靜的頭腦，告訴自己總會有其他方法可以辦到的　一定要拒絕「無能為力」的想法，堅持「總會有別的辦法能行」的信心。

2．先停下正在進行的工作，然後再重新開拓　當你遇到重大障礙時，不要馬上放棄，暫停一下，換換氣氛，當你再重新面對原來的難題時，你會驚奇地發現：答案不請自來。並且，凡事時刻往「好」的一面想，你就能成功地克服失敗的打擊。一些時候，把失敗轉化為成功往往只需一個想法，緊跟以一個行動。

3．學會專注　我們每逢做事情時，不要把注意力放在你面前的整個任務上，最好先擬定第一個步驟，它必須是你確信自己能完成的，然後擬定第二個、第三個步驟，這樣可以逐步實現，最終達到目標。

4．充滿必勝信心　有不少人在碰到新情況時，總是花過多的時間去設想最壞的結果——實際上，這等於在預演失敗。我們往往能聽到在體育比賽中弱隊戰勝強隊大爆冷門或是在商戰中實力弱的公司戰勝實力強勁的公司。除了諸多客觀因素外，充滿必勝的信心去迎接挑戰是取得勝利的基礎。

5．不等待　遇到挫折時，倘若只是耐心等待，你將永遠不可能成功。如果你真的想解決問題，你就必須切實地擔當起責任，不要等待別人的拔刀相助，要相信自己，相信自己有能力解決，倘若你一味期待別人的幫助，你得到的將只能是失望，更糟的是你可能走向極端，開始憤世嫉俗，最終一事無成。

6．扔掉消極思想　有時你也許處在一個被消極思想籠罩的環境中，可能你自己想要建立一種積極心態幾乎是不太可能的，你總是聽到一些令人委靡的詞語。我們應該學會分辨消極和積極的言詞，自己應盡力避免接觸和使用消極的詞彙，我們應一直堅信答案總是存在於積極、正面的一方。

7．把握要點　一般人大都只滿足於吃一塹長一智，而有突出成就的人則力求用別人的「塹」來長自己的「智」。因此我們在遇到問題時，應該保持頭腦冷靜，想一下可以借鑒的例子。我們解決問題時，也要抓住問題的關鍵。

8．正確下餌　當你在下定決心積極解決問題的時候，你內在的潛能已經被激發了，你已經擁有了行動的力量，如此你不禁會想到：「該如何行動呢？」答案就是：「就像你抓住一隻兔子那樣行動。」

9．開口求助　每個人都需要其他人的說明，尤其是當一個人遇到挫折的時候，我們應積極面對，誠實地提出自己的問題，虛心地傾聽別人的建議，你將會發現，有那麼多喜歡幫助你的人，你的問題肯定能夠迎刃而解。

10．全力以赴　我們的失敗，在大部分情況下，並不是由於我們缺乏必要的才智、能力和機會，而往往是因為我們並沒有集中精力投入。即使生活平淡無奇，只要我們擁有足夠的熱情，我們就有可能成功。

保持積極的心態，靈活運用上面列舉的10項原則，就能妥善控制和處理遇到的狀況。但最關鍵的是你必須積極控制自己的思維，不然這些原則將起不了什麼作用。

3．失敗比成功多一次

「從失敗中奮起，去擁抱勝利。」這就是千百萬勇敢而高貴的人取得成功的祕訣。

或許你過去曾經痛苦過，曾經失望過；或許回首往事，你是個失敗者，是個平庸者；或許你沒有取得如你期望的成功，沒有贏得你本該贏得的財富；或許你失去了你的親朋至友，失去了你的企業，甚至你的住房，因為你沒錢交貸款，或者因為你生病不能工作；意外的事故會剝奪你行動的能力，新年的鐘聲可能預示著灰色的未來，然而，即使你面對這一切的不幸，如果你永不屈服，勝利就會在前方等著你。

有些可憐的人僅僅因為過去犯了一個小錯誤，或者自己的企業破產了，或者因為天災人禍，因為一些非人力所能及的原因失去了自己的財產，他們就喪失了面對這個世界的勇氣。

這正是考驗你的時候，在失去了所有身外之物之後，你還有什麼呢？如果你躺在地上，四腳朝天，心裡承認自己很差勁，那麼你就與死無異了。但是，如果你仍然勇氣十足，高昂著頭，絕不放棄，沒有失掉對自己的信心，如果你蔑視困難，決心從頭再來，

在失去了所有身外之物之後，你還有什麼呢？如果你躺在地上，四腳朝天，心裡承認自己很差勁，那麼你就與死無異了。

那麼你就是一個真正的英雄。

你或許會說，你經歷過太多的失敗，再努力也沒有用，你幾乎不可能取得成功。這意味著你還沒有從一次失敗的打擊中站立起來，就又已經受了一次打擊。這簡直毫無道理！只要自己永不屈服，就不會有失敗。不管你失敗過多少次，不管時間早晚，成功總是可能的。

有的人或許大半生都過得十分平穩，事事順心。他們積累著自己的財富，廣泛地結交朋友，正在建立自己的聲望。他們的個性看上去也很堅韌。但災難突然間來臨了，或者是企業的破產，或者是財產的損失，他們失去了自己所有的一切。他們被困難擊倒了，他們絕望了，失去了信心和勇氣，失去了繼續戰鬥的力量。物質的損失吞沒了他們生存的勇氣。

這的確是一個沉重的打擊。經歷了如此沉重的打擊，人人都會覺得希望渺茫。但是即使是一個無知到不會寫自己名字的人，如果他有堅韌的承受力，他還是有希望的；即使是一個殘疾人，如果他有勇氣，他就有希望。但是如果一個人經受了一次打擊就灰心喪氣，難以自拔，毫無鬥志，那麼他就沒有希望。

即使你失去了其他任何東西，也不要失掉你的勇氣和毅力，不要失去自己的尊嚴。

這是你的無價之寶，需要你竭盡全力去保持。

在世界所有的名人之中，沒有人比下面提到的這個人遭到的打擊更大的了。差不多整整20年，每年的6月17日，有一個人都要為這個日子而經歷一場精神折磨。他就是因一九七二年6月17日「水門事件」而最終在一九七四年8月8日辭職的美國前總統理查・尼克森。

尼克森被迫辭職後的一段時間裡可謂一蹶不振。突然大面積降臨的失落與憂憤，媒體的窮追猛打和冷嘲熱諷，使62歲的尼克森患上了內分泌失調和血栓性靜脈炎。醫生說他基本上是一個廢人，能苟延殘喘就不錯了。這以後的尼克森連續撰寫並出版了《尼克森回憶錄》、《真正的戰爭》、《領導者》、《不再有越戰》、《一九九九：不戰而勝》和《超越和平》（遺著）等一系列暢銷全球的著作，又活了20年，以在野身分繼續關心和介入美國內政外交，直到生命的終點。

一九九四年4月尼克森因病逝世。白宮宣布葬禮的當天為全國致哀日，聯邦政府停止辦公，郵局停止投郵一天。民主黨的柯林頓總統代表整個國家對黯然去職的共和黨前總統尼克森表示敬意。尼克森為恢復名譽的頑強努力終於有了回報。如果沒有堅強的信念和毅力，尼克森大概難以走完「水門事件」後20年痛苦而漫長的人生旅程。

作為加利福尼亞南部柑橘種植者的兒子，尼克森一生的大部分時間都處於劣勢。也正是這種家庭出身給了尼克森自強不息的品質，也使「尼克森」這個公眾話題蘊含了更為深廣的吸引力。在加州的「尼克森圖書館及出生地」吸引了世界各地的訪客，他們試圖來這裡了解一個平凡的農家少年如何在塵世的波谷浪尖中奮力前行，克服心魔，戰勝自我。

更多的人對這位被權力優越感慣壞了或被搞糊塗了的政治家始終好感多於惡感。他經風霜的人生經歷使尼克森有一種內在的吸引力。這倒不是同情弱者的心態使然，如果站在被剝奪一切官職和名譽的佝僂著的那個老年尼克森面前，你仍會透過他的眼神發覺他的內心強大得令你只能仰視。尼克森在政治上的率直、原則性和雄才大略固然令人欽敬，他一生中所表現出來的堅忍不拔和對國家的強烈忠誠，具有更為普遍的意義。從權力和榮譽的巔峰跌落到地平線以下後，尼克森迅速擺脫了挫折的追襲，戰勝了人性的弱點，重新攀上了人生的巔峰。

「批判我的人不斷地提醒我，說我做得不夠完美。沒錯，可我盡力了。」尼克森如是說。他不怕失敗，因為他知道還有未來。他說：「失敗固然令人悲哀。然而，最大的悲哀是在生命的征途中既沒有勝利，也沒有失敗。」

一九四五年9月，除了年輕一無所有的退役軍官尼克森宣布角逐國會議員席位，開始了他長達半個世紀的政治生涯。他租的廉價辦公室的隔壁是養貂的房間，夜半尼克森寫演講稿時，常聽到貂的尖厲叫聲。這些尖厲叫聲，讓尼克森很快就熟悉了政治，並讓他具有了絕不臨陣退縮的勇氣。

儘管每年的6月17日是一個令尼克森難堪的日子，但他並不迴避，他以坦誠的悔恨和努力地為國服務來尋求國民的原諒。他希望不用等到他去世，一個「新尼克森」將重新從泥水中站立起來。

尼克森提出了打破堅冰與紅色中國建立關係的戰略構思，在當時的「蘇聯霸權主義者」看來，這是最最陰損歹毒的計謀。尼克森又是蘇聯解體後最強烈要求援助俄羅斯的戰略家，同時也是最早論述北約東擴擠壓俄羅斯的戰略家，所有這些變化多端的伎倆，都有一個共同的指向：美國的國家利益。

從另一個角度看，下野對於尼克森來說也是一種解放，他追覽古今聖賢之書，並像教授對學生上課一樣向工作助手發表他對柏拉圖、亞里斯多德、盧梭、托克維爾、穆勒、黑格爾、馬克思、托爾斯泰等人思想的看法。挫折、憂憤使尼克森成為一個深懷智慧的人。他不斷地閱讀和寫作，和古人對話，並反思自己的過去，評論當前美國政治家的所為，以自己獨特的方式，繼續為國家服務。

「生活的目標應該是比生活更重要的東西。如果不投入到比你自身更偉大的事業中，你就看不到生命的意義。那是找到自我的惟一途徑。」——這段言論出自尼克森之口才是最有說服力的，這都是當生命中最重要的某個部分失去之後積極的而非消極的大徹大悟。尼克森以政治家的身分下臺，以思想家的身分辭世。任何人都有可能遭遇逆境，而尼克森人生的向上的拋物線軌跡，卻是少見的堅忍和漂亮。

4．做失敗的明白人

人生一世，失敗是難免的。人們常說「失敗是成功之母」，然而，這只是對那些有志者而言，對許許多多的人來說，失敗未必是成功之母。

在失敗面前，大概有三種人：第一種人，懦夫型，一敗而敗，他們是經不起任何挫折的。一次失敗，就注定了他們黯淡萎縮的一生。第二種人，有勇無謀型，失敗時，從不反省、總結，只是一腔熱血、一直往前。這種人總是事倍功半。第三種人，智勇雙全型，在遭受挫折時，可以吸取經驗教訓，調整自身，在時機與實力成熟時再度出擊。他們很少不成功的。由此可知，成功者成功的原因，決勝條件就在於成功者的智與勇。

英國的漁業大王吉姆，是一個善於動腦的人。在一九七三年以前，他應用他20歲時發明的「祖魯人原則」於證券市場，從做小額的證券生意開始，七年之後，他的吉姆—沃爾克證券有限公司成了歐洲屈指可數的大財團。到一九七二年時，他已擁有2.9億英鎊的資產。

他的祖魯人原則的大意是：只要選擇一個比較狹窄的課題鑽研下去，就會成為這方面的行家裡手。比如說，你在《讀者文摘》上看到一篇有關祖魯人的文章，仔細讀過之後，你就比你這條街區的人對祖魯人要知道得多些。如果你再跑到圖書館把有關祖魯人的書籍都借來看，你就知道得更多。如果你去南非到祖魯人住的地方繼續研究，你就比英國任何一個人對此題目知道更得多。在證券市場上，他仔細鑽研較為狹窄的淨利收入領域，而不去研究公司的資產。他把他的全部錢財都購買了他認為有前途的一家公司的股票，而不是分散冒險。他投入二千八百英鎊，3年之後資本增值到了5萬英鎊。

然而，他能用他的聰敏才智避免證券市場上各種「人禍」，卻逃脫不了「天災」。

一九七三年的一場經濟波動使證券市場崩潰，銀行發生危機，地產市場關閉。一九七五年，吉姆背了100萬英鎊的虧空離開了他自己的公司，不但成了一名破產富豪，而且還面臨新加坡政府的刑事起訴。上帝考驗的時候到了。吉姆背著100萬英鎊的債務，還要支付利息、生活開支和雇人的開銷，外加租用寫字樓的費用。他細算了一下，在三、四年內最低要賺到250萬才能還清那100萬債務。在虧欠100萬的情況要做到這點，是很艱巨的。

證券市場的一幕一幕悲劇，大多數就是在這樣的情況下發生的。因一夜之間破產、負債而自殺的實在不在少數。更多的人不是聞「股」色變，就是從此一蹶不振。

吉姆的表現卻是令人欽佩的，也與其他成功人士在這種情形下共同展示的一種品格相似。他冷靜分析自己的處境，有條不紊地佈了三著棋：頭一著是穩住債主；第二著是維持信用；第三著是設法賺錢。

他的敗不餒的精神為他贏得了機會——他的一個名叫羅蘭的朋友願意同他合作。他們合辦了一家公司做房地產生意。公司買下了倫敦巴特西附近的一座大廈，共有192間單元套間。他們先付出30萬英鎊買下，轉手以100萬英鎊賣出，賺了約70萬英鎊。然後他們又買下了巴克利大廈，付出50萬英鎊，六個星期後以70萬英鎊轉手賣出。與此同時，吉姆還靠為孩子寫書賺了一些錢，但是不多。他寫了29本書，其中有些只是不到一千個字的小冊子。

吉姆在一邊做房地產生意一邊寫書的同時，又想重新涉足股市。但他的合夥人羅蘭對股票生意不感興趣，兩人為此分道揚鑣，羅蘭連本帶利提走了他的錢。吉姆又得孤軍奮戰了。他用分期付款方式償還沒有還清的債；靠股票買賣賺的錢去填以前的窟窿。五年後，他終於把100萬英鎊債務連本帶利全部還清了，他的信心也在逐漸堅定起來。

機會再次降臨。一個朋友想開採金礦，吉姆就和一些友人共同籌集了100萬美元建立了百年礦業公司，並聘請到一位具有豐富開礦經驗的人。他們的第一筆生意非常成功，以他們現有的公司資本和一家名叫美國礦業勘探公司的美國公司，做成了一筆二千二百萬美元的交易。

大起大落和痛苦的經歷沒有磨掉吉姆的冒險意識，反而助長了他的勇氣。從一九七三年起，他開始進入鮭魚的捕撈行業。當時，鮭魚是一種極其名貴的魚，每條可賣三千英鎊左右，利潤非常大。但是，那時鮭魚完全是在自然狀態下生殖的，經營漁場被吉姆看做一種新的「賭博」，由此可見其風險之大。他先是在蘇格蘭買下了幾公里長的一段河流，建起了他的鮭魚資產公司。隨後又買下了幾處漁場：泰晤士河兩處，安嫩河一處，埃查格河一處。買這些河段的捕魚權花費了幾十萬英鎊。

在經營漁場中，他的祖魯人原則又發揮了作用，他研究了魚的生活習慣並加以利用。以前的埃查格河和安嫩河的所有人，都在河口上紮著網，攔截鮭魚逃走，平均每年能捕到23條鮭魚。如此一來卻阻止了鮭魚由此溯流而上去產卵。吉姆買下河段後就下令撤掉了所有河口上的網，當年就比別人多捕了142條鮭魚，多收入40多萬英鎊。

從此之後，吉姆在加拿大的米拉奇又買下了一處最美麗的漁場，共600英畝，內有一個高爾夫球場，一個速射靶場，還有許多魚。他說他僅在18天裡就捕到144條鮭魚。他是花20萬美元買下的，輕而易舉就能賣到200萬美元。

從一個億萬富豪到一個負債百萬英鎊的破產富翁再到漁業大王，猶如一個人從天堂掉落到了地獄，然後又頑強地返回天堂。吉姆經受了，也成功了。

如果吉姆因失敗而消沉的話，即使能躲過討債人的追債，還會有誰——包括他的朋友——敢於找他合作呢？一個因失敗而變成驚弓之鳥的人還能有勇氣再涉足一個有更大成功機會但有更大風險的新領域嗎？

吉姆屬於第三類型的人，少數人的行列。大多數人屬於前兩種人，他們因敗而敗。原因並不複雜，他們在失敗中不是失去了「氣」，就是沒有了「智」。前一種人是不能面對失敗，後一種人是不會面對失敗。

因此，對於有成功願望的人來說，必須正確面對失敗。首先要明白，失敗未必是成功之母。我們在很小的時候就知道了「失敗是成功之母」這句話，我們不怕失敗，越戰越勇，但卻屢戰屢敗。原因何在？但失敗與成功二者之間並沒有必然的因果聯繫。一敗再敗的人是因為他沒有認真地分析自己失敗的原因，沒能從中吸取寶貴的教訓。所有經歷失敗而最終獲得成功的人們都是認真地吸取了失敗的經驗教訓的。

不要成為一個屢戰屢敗的人的原則就是：仔細對待每一次失敗。痛定思痛，找出自己失敗的根源，在下次奮鬥中引以為戒。

其次要記住，優秀者未必能成功。事實是，儘管成功者都是非常卓越的人，但優秀的人不一定都成功。你也許是一個公認的天才，被親友寄予厚望，自己也暗下決心，一定要出人頭地。可是實際中你長期努力後卻連連失敗，仍然一無所成，你開始怨天尤人，甚至對自己的能力產生了疑問。為什麼會是這樣呢？經過反省後，你會發現可能是下面的原因：

第一，你現在的挫折只是黎明前最黑暗的時刻，堅持就是勝利。要相信自己的能力和選擇，只要堅持不懈地追求，成功是必然的。

第二，你可能還未真正地了解自己，沒有根據自己的特長選定有效的目標。沒有無

優秀者未必能成功。事實是，儘管成功者都是非常卓越的人，但優秀的人不一定都成功。

所不知、無所不能的天才。優秀者也只是某一方面的天才，你必須正確地認識自己，找出自己的長處和短處，揚長避短，選擇一個自己最有特長的最有望成功的領域作為自己奮鬥的目標去努力追求。

第三，你可能是一個孤芳自賞者，不能協調好與合作者的人際關係，那麼你必須改變自己的想法，敞開心懷，團結你的合作者，堅持人多力量大的信念。如果你是一個恃才傲物的失敗者，但你還希望能夠成功的話，那麼就趕快收起那令人厭惡的嘴臉，時刻牢記「得道多助，失道寡助。」

第四，你的眼光可能還不夠犀利，你不善於主動去創造和抓住機遇。成功是一個能力、奮鬥、機遇的綜合體，三者都不可缺。被動等待的人，機遇之神是會拋棄他的。卡耐基曾說：「機會是自己努力創造的，任何人都有機會，只是有些人善於為自己創造機會罷了。」一句話，你倘若堅信自己就是一個能夠成功的優秀者，並且渴望成功，那麼切勿為失敗而氣餒。反省一下，找出真正的原因並儘快克服。

再次要記住，不重視宣傳較難成功。我們都明白宣傳的廣告作用。精心設計你的廣告宣傳方案，使它能充分反映你的產品的優勢，迅速吸引消費者的注意。

最後要記住奸猾未必可以成功。精明是一個人的優勢，但是如果失去了誠信，它就成了奸詐。奸猾可能使你一時得逞，但沒人會相信你第二次、第三次。如果你始終使用你的奸詐來獲得你所要的，你會永遠失去朋友、客戶，甚至會把自己推到自我毀滅的路上。誠信是你成功的生命線。

5．放棄才是真正的失敗

美國柯立茲總統曾說過一句富有哲理的話：「世上沒有一樣東西可以取代毅力，才幹也辦不到，一事無成的天才十分平常。教育也辦不到，學無所用的人比比皆是。只有毅力和決心使你百戰不殆。」

一次次跌倒，一次次站起來，需要堅強的毅力，毅力可以幫你克服種種障礙。每個人的潛能都是巨大的，不要為一個小小的成功而停止不前。堅信「黎明之前總是最黑暗的」，你只要全身心地投入工作，發揮自己的優勢和特長，成功終有一天會到來。

用你的勤奮彌補失敗造成的損失。一些性情懶惰的人會為自己的平平淡淡找出不少冠冕堂皇的理由。他們好像對自己的能力非常吝嗇，在工作上從不使出全力。由於他們從來沒有認認真真地全身心地投入過，他們也從不覺得自己是失敗者。

每個人的潛能都是巨大的，不要為一個小小的成功而停止不前。堅信「黎明之前總是最黑暗的」。

一個人最難消滅的敵人是自身的毛病，想成大事者必須能夠做自己的對手，戰勝自己。成功的旅途是崎嶇陡峭的。在奮鬥的過程中，我們不但常受到外界的壓力，並且有時還會有來自自身的挑戰，自身的問題是阻擋我們成功的最大敵人。所以你要敢於做自己的對手，戰勝自己。

在心理上挑戰自身，要以百倍的信心從挫折的陰影中走出來。只有先具有了必勝的信心，才有可能成功。我們不要對自己已有的成績沾沾自喜，要對自己提出新的挑戰，要盡最大努力去爬今天的高山，準備明天爬更高的山。

培養一種抗失敗意識，才能讓自己永遠成功。為了幫助自己渡過難關，讓自己走出人生的低潮，不妨試一試：大哭一場，參加輔導團體；閱讀有關書籍和報刊，寫日記，立即安排活動去完成你期盼已久的事，學習感興趣的技能，獎勵自己，進行一些體育運動，切莫再沉溺於傷痛。

我們每個人都想成功，都想自己能有所成就，都想獲得一些令人尊敬的榮譽，沒有人會喜歡巴結別人，過平庸的生活。堅定不移的信念能夠使大山消失，對每個人都是相同的，信心是開啟成功大門的第一把鑰匙。

御木本幸吉，一八五八年1月出生於日本志摩郡，早年做海產品買賣。一次失敗的生意使他萌生了養殖珍珠的想法，後經艱苦努力，於一八九三年成功培育出了世界上第一顆人工培育珍珠，以其天才的智慧、超人的膽識、卓越的才能，一躍而成為馳名世界的珍珠大王。他實現了在拜謁天皇時的誓言：「我要讓用日本珍珠穿成的項鍊掛在全世界婦女的脖子上。」

18歲起，幸吉開始了他的商人生涯。兩年後的一八七八年，幸吉開始利用自己家鄉天然出產鮑魚、海參等海產品的優勢與外國人做海產品交易，生意很順利。然而，一次買賣中，當他把一船烏魚運到交易地點時，烏魚已變得臭氣熏天，使他賠了錢。從這次教訓中，他感覺到珍珠生意利大風險小，不過天然珍珠的品質、產量無法得到保證，於是產生了養殖珍珠的想法。說幹就幹，從那以後，幸吉便開始了前無古人的創舉。他借到了志摩郡神明村和鳥羽相島的養殖場地，將買來的珍珠貝放入海裡，如照看嬰兒一般精心養殖著他的珠母……

在選擇嵌入珠母體內的異物時，幸吉遭遇了一次又一次的失敗。開始他選用過珊瑚碎片、有孔玻璃球、陶土球等，然而，都不成功。如何使珠母不將「核」吐出來，幸吉可謂絞盡腦汁。他到處取經，虛心請教。當他聽說中國洞庭湖上有把佛像放入珍珠貝裡製造佛像珍珠的故事，於是就千里迢迢來到中國專心研究珍珠產生的原理。

有志者，事竟成。他終於找到了將貝殼的粉狀碎片嵌進珠貝的養殖法。事實證明幸吉所採用的貝殼碎片與後來研究表明的最適用於「異物」的美國密西西比河流域的一種貝殼的球狀碎片相當接近。

正當幸吉數年的心血即將得到回報時，厄運再一次悄悄降臨到了他的頭上，無情的紅潮襲擊了他的養殖場。紅潮被稱為「深海的死神」，它是由於氣溫變化而引起的海洋浮游生物發生異常變化而引起的。「死神」的翅膀所到之處，魚類幾乎都要死掉，對生命力較弱的珠母來說更是滅頂之災。

那是一八九二年的一天，也就是幸吉著手養殖珍珠的第三年，幸吉像往常一樣在神明島的海面上巡視時，突然吃驚地發現海中的貝殼受紅潮襲擊全部死了。幾年的心血轉眼間化為烏有，他痛苦到了極點。好在相島放養的珠母逃脫了紅潮的襲擊，這裡成了幸吉惟一的希望。

一八九三年7月11日，經歷了四年多的風風雨雨，幸吉終於成功了。一顆凝聚著他與妻子心血和希望的真真實實的人工培育珍珠誕生了，35歲的幸吉首次在世界上養殖出半圓珍珠。沉浸在成功的喜悅中的幸吉為了擴大生產，將自己的事業搬進了一處荒島多德島，開始大量養殖珍珠。在多德島，他邊生產邊研究。一九〇五年，也就是在御木本半圓珍珠養殖成功的第12年，他成功培育出了圓珍珠。

在御木本珍珠走向世界的同時，幸吉深知品質的重要性。為了防止跌價，他只拿出產品的10％投放市場，並且特意將那些生產出來的低質珍珠在大庭廣眾之下燒毀，以向世界表明御木本珍珠都是上等貨。

幸吉的成功真實地表明：要想立於不敗之地，最終戰勝失敗，走出挫折的陰影，不僅需要勇氣，還要有愚公移山的信念和戰勝自我的意志。

要勇敢地面對一切失敗。當我們在遭受挫折時既不能畏懼，更不能迴避，而是要勇敢地面對它，並且應當充滿打垮它的大無畏的英勇氣魄。只要你進行了勇敢的嘗試，你就一定能有所收穫，不進行勇敢的嘗試，你就不會看清事物的深刻內涵，倘若嘗試了，經歷了實際的痛苦，而這種種的親身體驗將會為你將來的發展做準備。

如何化失敗為動力呢？一、是誠懇而客觀地審時度勢。不要把責任歸因於別人，要反省自己；二、是分析失敗的過程和原因，以求改正；三、是重做嘗試之前，想像自己圓滿地處理工作的情景；四、是把打擊自己自信心的痛苦回憶都深深地埋藏起來，它們已經變成你以後成功的肥料了；五、是重新出發。

消極對待失敗只能使你更不幸。有句格言：「你認為自己是如何的人，就會真的成為如何的人。」一個自認不善於與下屬溝通的經理，他就會苦惱地發現自己真的很難激勵部屬，反過來更加使自己堅信自己確實不擅長溝通。一個人多半不能改變自己的外部環境，然而他可以改變自己的心態：「明天的情形也許還和今天一樣，但明天的我一定不是今天的我了。」你倘若能改變態度，也因此會改變整個形勢。

6．提高效率等於延長生命

曾幾何時，「效率就是金錢」，「時間就是金錢」的口號響遍了大江南北。人類的一切發明可以說都是為了提高效率。而提高效率的結果之一就是節省時間，這是效率定義的應有之義，也就是說，在單位時間裡對時間的利用價值就是效率。

然而，對於一個人來說，提高工作效率就等於延長了生命。時間可以被肆無忌憚地消耗掉，當然也一定會被很好地利用起來。很好地運用時間，也就是一個效率的問題。有限的時間一分一秒地累積成人的生命。而在這有限的生命裡，真正被我們好好利用的時間卻只占很小的一部分。有一個估算，假設以80歲的年紀來計畫一個人的一生的話，那麼大概就有70萬個小時。在這之中人們可以精力充沛地進行工作的時間僅僅有40年，大概相當於一萬五千個工作日，36萬個小時，減去白天吃飯睡覺的時間，大約還能夠有20萬個小時的工作時間。我們在這些有限的時間裡最大限度地發揮作用就能體現生命的有效價值。最大限度地增加這段時間裡的工作效率就等於延長了你的壽命。顯而易見，「效率就是生命」是肯定的。

人類科技發展的成果創造了一個又一個人類穿越時間隧道的壯舉，它們改變了整個人類的生命價值，可以說它們成幾倍、幾十倍甚至數千、數萬倍地延長人的生命。

隨著社會生產力的發展，科學技術的日新月異，生產工具的革新，現代社會發生了根本性的變化。體現在其中的時間價值，如同核裂變反應，以幾何級數成倍增長。

現代一台紡紗機一小時紡的紗，相當於古老的紡車一年的工作量；拖拉機一天耕的地，足夠一頭牛幹上幾個月。我們乘坐超音速飛機只需幾個小時便能夠從東半球飛到西半球，而步行周遊一圈要花一個人大半生的時間。十八世紀軋棉機的發明就給美國帶來了這樣的一場革命。

軋棉機的發明者——埃利・惠特尼從小時候起就特別珍惜時間，他不同於其他孩子，從來不讓自己閒著，喜歡工作。他很小的時候就在父親的農用機械修理工廠學會了使用各種工具，製作玩具，修理小提琴和其他各種樂器，被稱為「天才機械師」；他拆散父親的手錶，了解其工作原理；借用父親的工廠和工具生產釘子，製造女性專用的別針、手杖。他給自己安排了各種工作，從來就閒不下來，他也不想有空閒。埃利渴望教育，他白天工作，晚上利用空閒時間讀書。雖然非常艱苦，但埃利還是這樣日積月累，學到了很多知識。20歲時，他下決心要念大學。於是，埃利開始學習大學預備課程。24歲的時候，他終於如願以償，進了耶魯大學。在大學裡，埃利學習非常勤奮，成績在班級名列前茅，經典人文學科非常出色，而數學、力學尤其突出。他用3年時間就學完了全部課程，一七九二年從耶魯大學順利畢業。

畢業後埃利乘船去了南方的薩凡納，受到了在來南方的路上剛剛認識的熱心的格林夫人——一位著名的軍隊將領納薩尼爾·格林的妻子——的特別關照，被邀請住到了他們家，並被推薦去學習法律。埃利在她家裡，充分表現了自己在機械方面的才華，遇到夫人家裡有什麼問題，他總能輕巧地解決。在一次偶然的家庭聚會中，格林夫人向抱怨挑揀棉花工作太慢的客人們推薦，請埃利來發明這樣的機器。

南方盛產棉花，但當時用手工把棉花籽和棉花分開耗時太長，一個工人一天才能挑出一磅棉花，使得棉花生產幾乎無利可圖，因此，人們無法大面積種植棉花。埃利・惠特尼答應試一試。於是，惠特尼就在格林夫人家裡的地下室幹了起來。他備齊了需要的工具，採集了棉花樣本。然後，經過幾個月的苦思冥想和反覆試驗，終於在一七九三年冬天將至的時候製造出了軋棉機樣機。在試驗那天，它的效率——一天可以分出好幾百磅的棉花——令格林夫人邀請的所有參觀者目瞪口呆，歎為觀止。它預示著美國南部經濟的一場革命來臨了，預示著南部所有的地區，即使在喬治亞州的高地上，都可以種植棉花了，預示著棉花產量的大幅度增加，財富的急劇增加，棉花製品價格下降，從而可以走進尋常百姓家。

埃利・惠特尼一八二八年1月去世，時年60歲。這個年齡不算高壽，然而，如果他的生命是按照他為人類所節省的時間來計算，那麼，可以說他的一生相當於普通人兩次、甚至三次的生命。

高速度和高效率造就了成功的商人和企業。商人們為了保住自己的利益惜時如金，他們都是和時間比賽的老手。現代生活這樣高速度地發展，資訊傳播速度和手段不斷翻新。我們每個人想立足於這樣一個社會，就一定要珍惜時間、善用時間。

成功人士的經歷告訴我們，要想成功必須提高工作效率。為了提高效率，可以從以下幾個方面著手。

1．不做不值得做的事　否則會讓你誤以為自己完成了某些事情，這會消耗時間與精力，會浪費自己的有效生命；還會產生一連串浪費時間的事情，比如需要組織一個小組來監督，而且也需要管理人、手冊、指導原則，並不斷地產生這樣那樣的問題。

2．不要輕易放棄　在我們的一生，最浪費時間的一件事就是太早輕言放棄。這不但輸掉了開始的投資，更喪失了發現這些寶藏的喜悅。尤其是嘗試一個新工作、新技藝時，容易在成果出現之前放棄。

3．要在堅持和放棄之間做出理智選擇　如諾貝爾獲得者萊納斯·波林所說：「一個優秀的研究者明白該堅持哪些構想，而放棄哪些構想，不然會浪費時間。」

4．既不要好高騖遠，也不要過度追求　對有些事請不要抱有太高的期望，剛好就行。不要在不必追求完美的事情上浪費太多力氣和花費太多時間去努力做到完美。要確切地知道什麼時候應該追求完美，而什麼時候應該放棄對完美的追求，見好就收。

5．猶豫不決是大敵　猶豫不決會浪費更多時間。通過研讀相關書籍、觀摩優秀決策者的決策過程努力掌握一個良好的決策模式。承認直覺和本能，但不要盲目地一直依賴它們。

6．要養成勤奮，杜絕懶惰　時間也就是生命，善用時間等於善用自己的生命。克服懶惰，需要堅持不懈的毅力和正確的方法，例如使用排程表，在家居之外的地方工作，及早開始。

7．要連續作戰，切勿時斷時續　不持續是造成公司員工浪費時間最多的原因。因為它本身很費時，而且當重新去工作時還需要花很多時間來調整大腦活動及其注意力，以便於在停頓的地方接著幹。

8．凡事要事先做好安排　考慮可能出現的延誤情況並預備必要的應對措施即使外出旅行也要帶著隨時應變的計畫。

9．要提高會議效率　非開不可的會議，應該組織得生動有趣，以利達成目的。要按時開會，不要讓遲到者浪費已到者的時間，除非是等非常重要的人物或演講者。要掌握會議的方向和提高效率的方法。切忌離題，注意控制時間。議題結束後要馬上散會。注意會前的演練。

10．要凡事有條理、有秩序，切勿粗心大意　在做事過程中，要注意物歸原處，物盡其所。不要藏東西。借助記憶力好的朋友。在貴重物品上注明你的地址、姓名等線

千萬不要平均分配時間，而應該把你的有限的時間集中到處理最重要的事情上。

索，並承諾有一定的獎勵。細心標示檔案與資料夾。

另外，據有關專家的研究和許多領導者的實踐經驗，要想駕馭時間提高工作效率，還應該注意：千萬不要平均分配時間，而應該把你的有限的時間集中到處理最重要的事情上；有效地抓住牽一髮而動全域的時機，用最小的代價取得最大的成功，促使事物的轉變，推動事情的發展。要善於協調可以自己控制的「自由」時間和不由自己支配的對他人他事的「應對時間」；要善於利用零散時間，從而最大限度地提高工作效率。

7．抓住分分秒秒，變「閒」為「不閒」

想成功的人士必須認識到時間的價值，倍加珍惜。因為有效利用時間是很關鍵的。如果你不能仔細計畫每一天，那一定會白白浪費掉很多時間，最後什麼也得不到。

時間是掌握在你自己手中的最寶貴的財富，請認認真真地、合理地安排時間，不在無聊的事上消耗一分鐘。珍惜時間的一個重要方面就是善用「閒暇」時間，變「閒暇」為不「閒」。

凡在事業上有所成就的人，都有一個成功的訣竅：變「閒」為「不閒」，也就是抓住生活中的分分秒秒，不圖清閒，不貪安逸。愛因斯坦曾組織過享有盛名的「奧林匹亞科學」，在每晚的例會上，參加會議的人往往手捧茶杯，邊飲茶邊談笑風生。據說，到今天，茶杯和茶壺已成為英國劍橋大學的一項「獨特設備。」目的在於，鼓勵科學家們充分利用閒置時間，在飲茶品茶之時溝通彼此的學術思想，交流科技成果。

閒不住的人們還在閒置時間裡積極開創自己的「第二職業」。

「費馬大定理」的提出、哥白尼太陽系學說的創立是在「第二職業」完成的。法蘭克林的許多電學成就就是在他當印刷工人時從事「第二職業」時創造的成果。「閒不住」的人們還在閒置時間裡虛心向社會上的能人賢者求教。

在生活中，有各種各樣度過閒置時間的方式，如博覽群書，遊歷名山大川，廣交朋友，進行美術創作，構思長篇小說等。

有的人在冥冥中等待上帝賜予其人生之契機，祈求著未來那即將出現的美好萬分的光明前途。而有的人，特別是遇到挫折無法自覺時常常念叨著，希望時光能夠倒流，回到以前那種「美好的古老時光」中。他們看不到真正美好的現在，看不到我們是歷史上最幸運的人——我們一年看到的變化，超過我們的祖父一生所看到的。我們回頭到歷史中去尋找時，即使在所謂最壞的時代中也能發現美好的事物。

李嘉誠創業伊始，在實力和資金都很單薄的情況下，與眾多實力雄厚的大公司競爭，惟有把握時間，將一天當二天甚至三天來用，「我自己從創業開始到一九六三年這一二十年來，平均每天工作16個小時，而且每星期至少有一天是通宵達旦。」

在他的青少年時期，曾經度過了一段「披星戴月上班去，萬家燈火返家來」的歲月。那個時候，他需要在床頭擺上兩個「鬧鐘」來喚醒自己，催促和鞭策自己。他每一個星期的上班時間是7天，每天的工作時間是15到16個小時，有時簡直忙到連理髮的時間都捨不得花費掉，好久好久與電影院「無緣。」節衣縮食，勤儉度日，還經常從舊書攤上買來舊書舊雜誌以增加精神文化營養。當他成家立業之後，仍然保持艱苦奮鬥的美德。他手上帶著的日本產的普通電子手錶，總要撥前10分鐘以免誤事。有好長一段時間他堅持上夜校進修，提高文化知識水準，回家後仍憑籍著收音機靠「空中隱形教師」學習英語。他對有些年青夥伴坐「的士」跑歌廳很有些「不以為然。」在李嘉誠成為「地產大王」之後。每天都搶著坐車上下班或辦事的空隙，讀書讀報讀檔讀資料。即使如此，由於塑膠業的發展日新月異。新原料、新設備、新製品、新款式源源不斷地被開發出來。李嘉誠猶如海綿吸水，總覺得時間不夠用。

成功人士的祕訣就是：抓住現在，不要沉湎於過去。為了抓住分分秒秒，李嘉誠不僅沒有富人喜歡賭馬的嗜好，而且連「閒」書也不看，「我不看小說也不看娛樂新聞。這是因為從小要爭分奪秒地『搶』學問。」

每一代人都會哀歎他們生活在歷史上最困苦的環境下，他們抱怨這個殘酷的世界，並且像逃難的鴕鳥一樣，認為把頭伸進沙中，就能夠永遠不需要挽起袖子來解決他們自己的問題。他們把問題歸因於別人或別的事，而不是抓緊時間去行動。美好的古老時光就是今天。

你無法讓時間隨著你的意願走，但是你可以讓自己隨著時間走，不是亂走，而是有順序地走。一切名人都會為自己訂立辦事的先後順序以免浪費時間。

你必須了解，你的日程表上一切的事項並非同樣重要，不應對它們一視同仁。時間策略就是盡力列出你的日程表，然後按照事情的輕重緩急來處理。

沒有任何其他辦法比按事情重要程度辦事更能有效地利用時間了。大部分人寧可做些讓人感到高興或方便的小事。

合理安排好一天的時間，對於你的成功十分重要。這樣，你就能夠時刻集中精力處理需要做的事。但把一週、一月、一年的時間進行合理的安排也是十分重要的。這樣做會給你一個整體方向的把握，讓你看到自己的宏圖，有利於達到你想要的目的。

現實有效的利用時間的辦法，就是製作一份可行的待辦事情計畫表並身體力行。

想知道做事的優先順序的最重要的一個方法就是：問一問是不是有助於自己達到人生的某些重要目標？

現實有效的利用時間的辦法，就是製作一份可行的待辦事情計畫表並身體力行。

切記，不要過分依賴你的記性。你的計畫表應簡單明瞭，在執行中應定期檢查你的計畫表。你的計畫表的範圍要廣泛，但也不能像大百科全書，那樣你會覺得力不從心。在計畫專案旁注明每一項內容開始和結束的日期和時間，限定自己完成計畫表上每項工作的時間。如果你是經理，請考慮幫你的部屬製作一份日程表。最後一點，能很好利用時間的成功人士都會制定一份長期計畫表。另外，還有一些人甚至會預估他們長期計畫表上的每一個計畫需要完成的時間，然後再利用週計畫或月計畫或年計畫制定日計畫。

要想讓你的時間變得相對充分，就要努力減少時間的浪費。比如：推遲與浪費時間的人在一起開會，或者乾脆拒絕同他們開會。儘量別充當別人的時間人質——無所事事地等人。不要不加思索地接下別人給你的超過你的能力的問題或任務。學會藝術地對於能無意義地浪費你的時間的人或事說「不。」必要時靈活運用各種身體語言和其他方法提醒對方該結束會面了，從而減少時間的浪費。

儘管一年365天、一天24小時是無法改變的，但並不是說我們在時間面前完全是被動的。想一想過去，我們是不是充分有效利用了每一分鐘時間？一天當中，有不少時間隱藏在合理的計畫表中被無效使用了。因此，我們應該找到這些時間並充分有效地利用它們。比如，在你去看醫生，排隊等候，出差、上下班的途中等情況下，可以帶上書之類的東西看；在執行每個計畫前，花上幾秒鐘琢磨一下：如何做才能最大地節省時間，或浪費時間最少；合理調整你的時間計畫表以使時間利用率最大化；遠離各種時間高峰期，避免一窩蜂的擁擠；養成早起的習慣；充分利用各種可以節省時間的設備等。

8．一直往前走直到生命的終點

波士頓大學商業學院的教務長羅爾得對於剛畢業的大學生們曾經有過這樣的告誡：「大學生身上似乎容易普遍存在一種危險的思想——那就是過於分心於其他一些問題，而往往會把目前的問題給疏忽了。有許多青年人之所以會失敗，就是因為把眼前的職務看得過於簡單，以為不值得他用全副的精力去對付。」

一個高遠的理想和目標不可蒙蔽當下的現實需要。固然，一個人要明白自己最終應該往何處去這一點是很重要，但同時，明白自己與那個目標之間存在的距離也很重要。

而最為重要的是要有一種切實可行的計畫，然後再依照計畫由現在的位置向目的地一步一步地邁進。

至於前進的速度，並不是像一般人所想像的有多麼重要。重要的問題是：我現在所做的事，是否有利於到達我最後的目標？許多大人物從一種工作換到另外一種工作，並不是好像蝴蝶從一朵花飛到另一朵花一樣。他們之所以決定換工作，是因為他們覺得在這一工作崗位上已經走到了死胡同的盡頭。大人物的眼光，不僅要能看到某種情況所存在的發展可能性，同時也要能看到某種情況可能存在的閉塞性。

當然，還有一種情況是很正常的，那就是你可能要試著走好幾條路，才能最終到達你真正夢寐以求的地方。這就可能需要你調換幾種工作，或者時時檢討自己，但是有一點你得明白：你的每一次選擇都必須是深思熟慮的結果，應該建立在已有的經驗的基礎之上。你做出變動的原因，不能是因為喜新厭舊，或者為了逃避目前工作上的困難。

在有心人那裡，腐朽也會化為神奇。如果你跳槽，僅僅就是為了多賺幾個錢，為了每星期多得幾塊錢的薪水，那麼，恐怕你就會因為眼前的這點小利而毀了自己的前程，這對於我沒有多大的實際好處。你之所以要換工作，完全是因為你對於那方面所需要具備的經驗，已經完全學會了，已沒有再學的必要了。繼續待在那裡，惟一的結果便是浪費時間。

一個目標應當做為自己行動的指南，來引導你決定是否要更換工作，引導你應當把主要精力用在何處，以及碰到其他細枝末節的問題時應該如何處置。目標是一種行進時的指南針，而不是一個很早就固定了的地點。

如果你確實也向前瞻望著，不過，等到你達到了一個目標後，是否便想著激流勇退呢？如果如此，你也就成不了一個偉大的人物。這樣做的人，他過早地失掉了生命中的光輝火焰。人生的意義，就在於幹一番事業，在於日日維新。只願閒坐著默想著昔日的成就，平靜地走向人生的終點，這，實在是錯誤之極。偉大的人物是一直要等到他自己完全精疲力竭了，方才肯放手的，而不管在此之前他已取得了多大的成就。

李嘉誠說：「當離開人世時只是感到疲倦了，太陽下山了應該休息，這是一種享受而絕無恐懼。」然而，在「太陽」下山之前，「我從未考慮過要退休！」

與李嘉誠的經歷差不多，施瓦伯也是一個完全靠自己奮鬥出來的苦孩子。他後來曾經做過多位總統的顧問，是世界上許多國家元首的好朋友。施瓦伯認為：無止境的活動，乃是人生的目的，人生的終結。他說：「有一次，有人來問我，一個大商人賺了很多錢，這種人是否就已經達到了他的目的的呢？我回答他說：如果一個人有達到他目的的

李嘉誠說：「當離開人世時只是感到疲倦了，太陽下山了應該休息，這是一種享受而絕無恐懼。」然而，在「太陽」下山之前，「我從未考慮過要退休！」

的時候，他便成不了一個大商人了。有成就的人總是永遠前進的，一直到生命結束的時候為止。」

著名作家班克羅福特曾這麼稱頌過班傑明．法蘭克林：「他的貢獻怎麼誇大也不為過。他是美利堅共和國真正的國父，是他在阿爾伯尼市為這個國家奠定了真正的基礎，在紐約向北美發出了他的聲音，他就像一個使徒一樣出現在我們中間，為的是傳遞共和國的福音。一七七四年大陸會議的提議人也是他，如果沒有他的智慧，沒有因為他的智慧而帶給人們的信心。那麼，這次會議究竟能產生什麼效果還是一件很有疑問的事情；主張『不聯合就死亡』的也是他，有了這個提議，從佛羅里達一直到緬因州，才一直牢牢留在了聯邦；如果要挑十八世紀最偉大的外交家，也應該是他。他說話不多，也不急，但無論哪種場合，他都會說出最正確的東西。」

班傑明．法蘭克林，美國政治家、科學家、作家，一位百科全書式的人物，一七〇六年1月6日生於波士頓。幼年由於家境貧寒，唯讀過兩年書，但他靠自學掌握了豐富的知識。法蘭克林在美國獨立革命及隨後美國憲法的制定中發揮了重要的作用。此外，在科學研究領域，法蘭克林也做出了重要的貢獻。他發明了避雷針，在數個領域多有建樹，得到的榮譽不計其數。此外，他還是美國《獨立宣言》的五個起草人之一以及憲法的起草人。

然而，早年的法蘭克林一如很多名人一樣，也是在和貧窮、疾病以及各種艱難困苦的鬥爭中度過的。就在他出生的當天，家人把他用毛毯包裹好，送到街對面的教堂受洗。盡管家裡貧窮，但他的父母都是有見識、有教養的人，從小就給了孩子很好的教育，而且家裡藏書也很多。有了這些便利，班傑明很小的時候就讀了很多書。

班傑明的讀書生活完全是無師自通的，父母都不知道孩子是什麼時候開始閱讀各種書籍的。8歲上學的時候，班傑明已經積累了很多知識，儼然成了校園裡的小學問家。而後由於經濟的原因，他的求學生涯很短暫。他在父親的蠟燭店幫忙，可是班傑明對這一行並不感興趣。班傑明對哥哥詹姆斯開的印刷店工作感興趣，在這裡他幹得勁頭十足。他通過印刷出來的鉛字重新接觸到各種思想、知識，一種對知識、對書本的熱愛又強烈地佔據了他的內心。他向哥哥提出來，把他的食宿費減少一半，這樣他就可以有更多的錢買書看書了。每天中午，他都會擠出一個小時，一邊啃著麵包，一邊看書。

班傑明幹了三年，哥哥詹姆斯又辦了一份報紙。這份報紙對班傑明無異於一個天賜之物。他非常熱心地幫著哥哥做一切需要的事情，自己也給裡面的時事專欄投稿，批判時政，間或也寫一些短小精悍、富有哲理的文章。他的寫作天才在這裡第一次得到展露，許多人都看不出那些文章是出自這麼年輕的一位作者筆下。

班傑明老到、才華橫溢的文筆和他幼年的積累有關。16歲的班傑明還在哥哥的印刷店做工，但他的才氣已經遠近聞名了。有一位老客戶馬修‧亞當斯先生，非常喜歡他，主動把自己的圖書館提供給他使用。有了這樣的條件，班傑明對書本更加著迷，常常沒日沒夜地沉浸在其中。有一段時間，他的哥哥詹姆斯因為報紙攻擊政府而被捕入獄，班傑明暫時接替了編輯的職務。這也許是美國歷史上最年輕的一位編輯了。

一次，在和性格粗暴、不講親情的哥哥衝突之後，班傑明決心離開印刷店。他瞞著大家到了紐約。到紐約後找不到工作，於是他又到了費城。班傑明找了一家雷默先生開的印刷廠做工，又找了里德先生的家作為他的寄宿地——順便提一句，他未來的妻子就是里德先生的女兒。從他到費城的這一天開始，他的生活就開始逐漸往上發展，而他從前知識的積累，他的聰明才智，他的良好的習慣，都為他打下了良好的基礎。在他周圍，聚集了一批渴求知識、渴望提高的青年，他們一起組織了一個讀書俱樂部。在這種氛圍中，法蘭克林繼續充實著自己。法蘭克林後來又前往英國，在倫敦附近的一家印刷廠幹活。他的學習習慣並沒有因為到了異鄉而放棄，他還繼續寫一些小文章。工廠的老闆看了，對他的才華大為佩服。

法蘭克林反對飲酒，是絕對禁酒主義者。在英國的工廠裡，一般的工人都會喝些啤酒或者白酒，只有法蘭克林是以水代酒，所以大家都喊他「我們的水桶」。一天，一個同事問他：「是不是美國人都像你這樣？」他的意思是問他的戒酒主張，「不，」法蘭克林回答，「很遺憾，他們很多人都像你這樣。」

但真正讓大家覺得奇怪的是，法蘭克林雖然滴酒不沾，幹起活來卻比誰都幹得好、幹得多，所以大家都很尊重他。一八二六年，剛剛20歲的法蘭克林從英國返回北美。

30歲時，班傑明·法蘭克林已經成為費城的知名人士。他有自己的印刷廠，辦了一份報紙《賓州日報》，自己做編輯；他還每年編輯出版《窮理查曆書》，裡面專門收錄他自己對人生的格言，很受公眾的歡迎。他還出任許多公職，擔任市郵政局長和議會議員，是城市警衛隊和消防隊的領導人，也是州民兵的發起人和組織者，此外，他還是費城大學的創辦者。他的收入很高。

42歲時，法蘭克林把他的印刷廠交給了他的一個合作夥伴，自己就不用再操心那些日常的事務，可以全身心地考慮他所感興趣的科學問題。雖然這之前他並沒有很專門地從事科學研究，只是零星寫過一些片段文章，但他作為科學家的聲望已經為大家公認。而現在，一旦他全部投入科學研究，進展一日千里，名聲遠播海外，隱隱然已經躋身當世最著名的科學家之列。他的一個著名的風箏試驗，證明了雷電和電流實際是一種物質，這為他奠定了在電學研究方面的地位。

當時，英國與北美的殖民地關係漸趨緊張，英國政府的領袖想牢牢把握殖民地的控制權。由於這個緣故，殖民地必須派出最得力的政治家作為他們派駐英國的代表，這樣才可能最堅定地維護他們的利益，法蘭克林就成為他們的選擇。法蘭克林的第一次外交生涯於一七五一年開始，一直持續到一七六二年。之後，他回國逗留了一年，又被任命為英國大使，再度遠赴英倫，一去就是十年。而這十年，正是美殖民地關係上的多事之秋，最終的結局是《獨立宣言》的發表和美國獨立戰爭的開始。隨後的戰爭年月中，法蘭克林擔任駐法國特命全權大使，經他的努力，法國在整個戰爭中始終站在北美殖民地一邊。戰爭歷時八年結束，最後以科華利將軍在約克郡的投降收尾，自由勝利了。

〈全書終〉

國家圖書館出版品預行編目資料

李嘉誠的創新思維／林郁 主編
初版，新北市，新視野 New Vision，2020.07
面；　公分 --
ISBN 978-986-99105-1-4（平裝）
1.李嘉誠 2.學術思想 3.企業管理

494　　109006639

李嘉誠的創新思維

林郁　主編

主　　編　林郁
企　　劃　林郁工作室
出　　版　新視野 New Vision
責　　編　千古春秋・林芸
　　　　　電話 02-8666-5711
　　　　　傳真 02-8666-5833
　　　　　E-mail：service@xcsbook.com.tw

印前作業　東豪印刷事業有限公司
印刷作業　福霖印刷有限公司

總 經 銷　聯合發行股份有限公司
　　　　　新北市新店區寶橋路 235 巷 6 弄 6 號 2F
　　　　　電話 02-2917-8022
　　　　　傳真 02-2915-6275

初版一刷　2020 年 07 月